图解时间

李孝辉◎著

科 学 出 版 社

北 京

图书在版编目（CIP）数据

图解时间 / 李孝辉著. —北京：科学出版社，2015.7
ISBN 978-7-03-044946-7

Ⅰ.①图… Ⅱ.①李… Ⅲ.①时间－图解 Ⅳ.①P19－64

中国版本图书馆CIP数据核字（2015）第128535号

责任编辑：侯俊琳 牛玲 朱萍萍 高慧元 / 责任校对：李影
责任印制：徐晓晨 / 版式设计：北京美光设计制版有限公司
封面设计：可圈可点工作室

科 学 出 版 社 出版

北京东黄城根北街16号
邮政编码：100717
http://www.sciencep.com

北京虎彩文化传播有限公司印刷

科学出版社发行　　各地新华书店经销

*

2015年7月第 一 版　　开本：720×1000　1/16
2021年7月第四次印刷　　印张：12
字数：145 000

定价：58.00元

（如有印装质量问题，我社负责调换）

　　每个人都接触时间，每个人都关心时间，每个人都想看到时间，但每个人都看不见时间。怎么才能看到时间呢？很简单，请翻开本书。

　　时间，虽然看不见摸不着，但人们可以实实在在感受到，树的年轮、人的成长，都体现出时间的痕迹。所有事物的演变，时间都起着至关重要的作用。

　　时间的形成经历了漫长的过程，在不同阶段，时间实现的精度代表了当时科技的最高水平。世界时、历书时、原子时是人们定义的几种时间尺度，是产生时间的依据。为了能让人们使用上高精度的时间，就需要使用时间传递。人们几乎使用了所有的通信手段来传递时间，从古代的钟鼓声报时到现代的无线电授时，时间传递的精度逐步提高。

　　时间精度的提高与导航技术的发展相辅相成，现代的卫星导航系统集导航与时间传递功能于一体，体现了两者的协调发展。目前，时间已经应用于各个领域，通信、电力、交通等领域都能看到时间的身影，日常生活与竞技体育等也对时间有着很高的要求。本书用精美的图片将这些内容生动地向读者展现出来。

第一章从总体上介绍人们对时间的各种认识，分析人们创造时间的目的。时间的创建是与钟表联系在一起的。

　　第二章介绍人类使用的各种计时工具，从滴水的漏刻到原子跃迁的原子钟，都用精美的图片展示其工作原理。

　　不可避免地，每一个钟表都有可能出错，这就需要对表，时间标准是对表的依据，这是**第三章**介绍的内容。时间标准的产生，经历了漫长的历程，从日晷的本地时间到全球统一的世界时、协调世界时，都是时间的一种标准。

　　古代的标准时间在观象台产生，现代的标准时间在国家授时实验室产生。要利用标准时间进行对表，前提是我们能够得到时间，**第四章**则讲述获得时间的方式，从古代的晨钟暮鼓到现在的卫星导航系统都是我们获得时间的途径。

　　第五章说明日历中的时间。日历制定的目的是为农牧业服务。阳历、阴历、农历出现的原因是地球自转和公转、月球公转周期的不一致性。

　　时空关系是耦合在一起的，位置信息和时间信息是描述人类活动的基本参量，时间和导航的发展也是耦合在一起的，从古代的天文导航到现代的无线电导航，都体现了这一点。**第六章**说明时间与导航是如何耦合在一起的。

　　从深空探测到通信、交通运输等高精密场合，从日常娱乐的扑克牌到竞技体育，都能看到时间的身影，从第七章中可以看到无处不在的时间。

第八章说明时间的区间。从宇宙的年龄等极大的时间，到粒子寿命等极小的时间，给出了各种时间的测量方法。

最后，在第九章中对时间的起源和结局进行了探讨。时间是有起点的，时间也是有终点的。时间如何开始，又如何结束，相信这是很多人求而不得的问题。这一章将会详细说明。

感谢李增祥女士为本书绘制了漫画和部分图片，并对本书的初稿进行了排版。本书的一部分照片从 veerchina、yestone 网站获得使用权，在此对这些网站的支持表示感谢，也感谢青简（微博：@ 青简 Jane，微信：青简）提供二十四节气图。

最后，需要感谢中国科学院精密导航定位与定时技术重点实验室提供的研究条件，同时感谢中国科学院科学传播局科普项目的支持。

由于作者水平有限，书中难免存在疏漏之处，恳请广大读者批评指正。

李孝辉

目 录 Contents

第一章
为什么要有时间

一、寻找时间的痕迹 / 002
二、理解时间的作用 / 008

第二章
各种各样的钟表

一、成为钟表的条件 / 016
二、流水计量的水钟 / 018
三、不会结冰的沙漏 / 022
四、燃烧的火钟 / 024
五、人造的机械钟 / 026
六、发展了四代的电子表 / 032
七、用原子振荡频率的原子钟 / 036

第三章
对表的依据是什么

一、对表需要的标准时间 / 042
二、使用日晷做参考的本地时间 / 046
三、不同地方的本地时间不同 / 054
四、国际统一的世界时 / 060
五、国际统一的历书时 / 064
六、国际统一的协调世界时 / 068
七、我国的标准时间 / 074

第四章
我们怎么得到时间

一、时间传递让我们得到时间 / 080
二、古代授时方式 / 084
三、现代授时方式 / 088
四、精度更高的时间传递方式 / 094

第五章
日历中复杂的时间

一、日历的起源 / 104

二、日历的发展 / 106

三、阴历与月球 / 108

四、阳历与太阳 / 110

五、农历是调和阴阳的合历 / 112

第六章
导航者精确的时间

一、导航 / 118

二、标志法导航 / 120

三、天文导航需要经度和纬度 / 122

四、纬度的测量很容易 / 124

五、经度测量是个难题 / 126

六、无线电导航需要精确的时间 / 134

七、卫星导航系统处理时间的方法 / 140

八、现代无线电导航的发展 / 144

第七章
无处不在的时间

一、现代科技中的时间 / 148

二、日常生活中的时间 / 156

第九章
时间的前世今生

一、时间起源于大爆炸 / 174

二、大爆炸后时间单向流逝 / 178

三、时间结束于大坍缩 / 182

第八章
时间覆盖的区间

一、跨度极大的时间覆盖区间 / 164

二、各种时间的测量方法 / 166

第一章
为什么要有时间

一、寻找时间的痕迹

二、理解时间的作用

一、 寻找时间的痕迹

 感受一下时间

1

时间可以让呀呀学语
的孩子变成妙龄少女，
甚至是蹒跚而行的
老人。

2

时间可以让一粒种子
发芽开花，继而结满
硕果。

3

从树干横截面上一圈圈的年轮、贝壳上一环环的波纹、化石中一条条的小鱼，我们可以感受到时间的魔力。

不同的人对时间的感觉不同

1

约会的人认为时间
稍纵即逝。

2

监狱中的犯人却是
度日如年。

3

抗震救灾的战士认
为时间就是生命。

4

商人认为时间就是
金钱。

5

军事家认为时间就
是胜利。

6

考试的学生认为时
间就是分数。

时间蕴涵着多方面的意义

1949 年 10 月 1 日，中华人民共和国成立

哈雷彗星的运行周期为 76 年

1

时间是一个单独的点，记载着过去的历史。

2

时间是物体规律运动的快慢，称为周期。

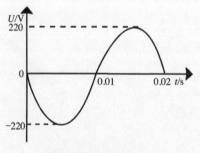

我国交流电的周期是 0.02s

3

时间是一个生命存活或者一个事物持续存在的全过程，有时我们将其称为年龄、寿命。

4

时间是生物生活的节律。哺乳动物、鸟类和昆虫等睡眠、妊娠的时间，花朵的开放时间。这里的时间，蕴涵事物的发展过程。

海葵的寿命能达到 1500 岁

喇叭花在清晨四点打开喇叭

日落西山以后，夜来香开始开放

二、 理解时间的作用

用时间来标记事件

看着这个日程表，我就知道什么时间干什么事。

作息时间表

	起床	6:00
早上	早餐	6:20
	上课	7:05
	放学	10:45
	午餐	11:00

	上课	13:00
中午	放学	16:10
	晚餐	16:20

	上课	19:00
晚上	放学	20:40
	关门	22:00
	关灯	22:30

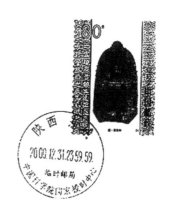

　　时间的标记功能，就像邮票上的日戳一样，盖上日戳，就知道寄信这个事件发生的时间。

　　人们建立时间的主要目的，就是为了比较事件发生的先后顺序，如果两件事情都有发生的时刻，比较一下就知道发生的先后顺序。

标记不准会出大麻烦

时刻与时间间隔

时间包括时刻和时间间隔。

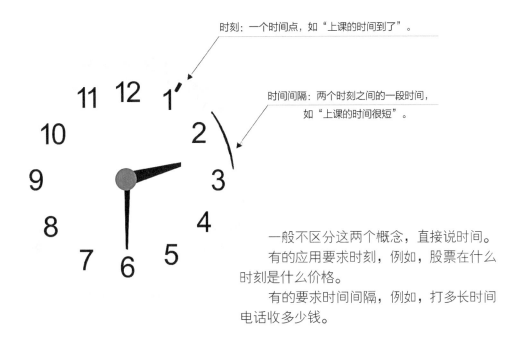

时刻：一个时间点，如"上课的时间到了"。

时间间隔：两个时刻之间的一段时间，如"上课的时间很短"。

一般不区分这两个概念，直接说时间。

有的应用要求时刻，例如，股票在什么时刻是什么价格。

有的要求时间间隔，例如，打多长时间电话收多少钱。

时刻实际上也是时间间隔。

距公元元年间隔：2011 年 12 个月 9 天 3 小时 50 分钟

距公元元年间隔：2011 年 12 个月 9 天 3 小时 10 分钟

公元元年　　　　　　　　　　2011 年 12 月 9 日　　　2011 年 12 月 9 日
　　　　　　　　　　　　　　3 点 10 分上课　　　　　3 点 50 分下课

下课发生在上课后 40 分钟

时刻就是时间尺度上的点，时间尺度规定了起点，时刻就是距离这个起点的时间间隔，因为起点是公认的，不需要特别说明。

不同时期对时间要求不同

对于古代日出而作，日落而息的原始人来说，只要在太阳落山前回到居住的洞穴即可，他们的时间观念是模糊的。但现代人的生活节奏却非常快，晚几分钟都可能带来巨大的损失。

电影《唐伯虎点秋香》中约会的时间是更。一更约等于两个小时。心急的唐伯虎，可能在三更初就到了柳树下。而矜持的秋香，来的会晚一点，可能到三更末才来。可怜的唐伯虎，要孤独地坐在石凳上等两个小时。

在电影《80 天环游地球》中可以看出，19 世纪交通工具取得巨大发展，人们对时间的要求大为提高，已经精确到了秒。

还有14秒，他就要输了。

每趟火车，都有精确到分的时间表，火车站也配备了精确的大钟。

时间还可以再精确

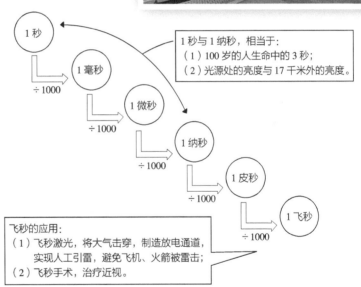

1 秒

1 毫秒 ÷1000

1 微秒 ÷1000

1 纳秒 ÷1000

1 皮秒 ÷1000

1 飞秒 ÷1000

1 秒与 1 纳秒，相当于：
（1）100 岁的人生命中的 3 秒；
（2）光源处的亮度与 17 千米外的亮度。

飞秒的应用：
（1）飞秒激光，将大气击穿，制造放电通道，实现人工引雷，避免飞机、火箭被雷击；
（2）飞秒手术，治疗近视。

飞秒激光引雷

飞秒激光治疗近视

第二章
各种各样的钟表

一、成为钟表的条件　　五、人造的机械钟

二、流水计量的水钟　　六、发展了四代的电子表

三、不会结冰的沙漏　　七、用原子振荡频率的原子钟

四、燃烧的火钟

一、 成为钟表的条件

1. 成为钟表要满足三个条件。

2. 第一个条件是周期现象。

3. 第二个条件是计数装置。

4. 第三个条件是动力装置。

5. 三个条件都具备就构成了一个简单的钟表。

沉箭式漏刻

1

利用连续滴水周期的水钟在公元前三四千年前就出现了。

刻：刻度尺，浮在水面上。随着水面的下降，刻度尺逐渐下降，可以指示时间。

漏：盛水的壶，下面有小孔，水会一滴一滴地流出，壶中的水面逐渐下降。

2

水钟古代称为漏刻，因为它由漏和刻组成，最先出现的是沉箭式漏刻。

古代一刻的由来

古代最需要时间的是军事调度。

我们兵分两路，三刻后从左右同时进攻。

三刻，我需要将
水加满三次。

2

一刻就是流完一壶
水的时间。

3

一天一夜为 100 刻。

古代的一刻，相当于现在的 14.4 分钟。

我国很早就把一昼
夜分成一百刻，这就是
"百刻制"。

多级漏壶的精度更高

1

单只泻水型漏壶有缺点。

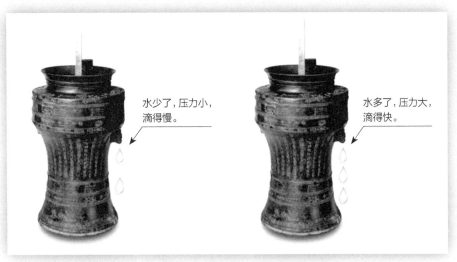

水少了，压力小，滴得慢。

水多了，压力大，滴得快。

2

解决办法是多级漏壶。

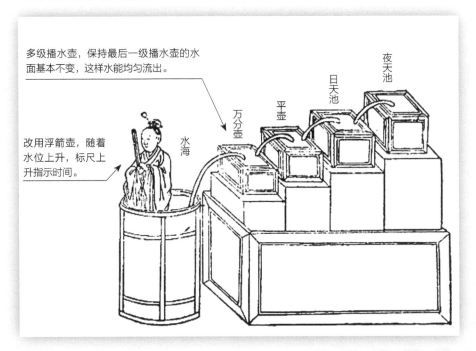

多级播水壶，保持最后一级播水壶的水面基本不变，这样水能均匀流出。

改用浮箭壶，随着水位上升，标尺上升指示时间。

水海

万分壶

平壶

日天池

夜天池

三、 不会结冰的沙漏

水在零度以下会结冰，
冬天使用很不方便。

报告将军，水结冰了，
滴不出来，我们没有
时间了。

沙子不会结冰，我可
以用沙子代替流水。

2

沙漏是用沙子从一个
容器流到另一个容器
的周期现象计时器。

3

沙漏没有水压的影响，精度比水钟要高，使用了约2000年。

元朝的詹希元在1360年发明的五轮沙漏已经能用指针指示时辰。漏斗里装满沙子，沙子流出推动轮子旋转，最后一个轮子有指针，指示时辰。

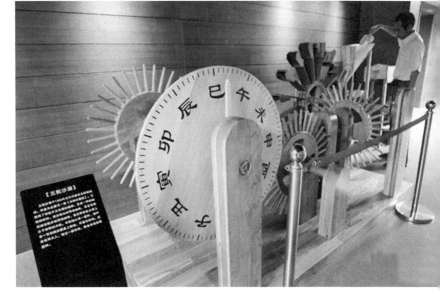

四、 燃烧的火钟

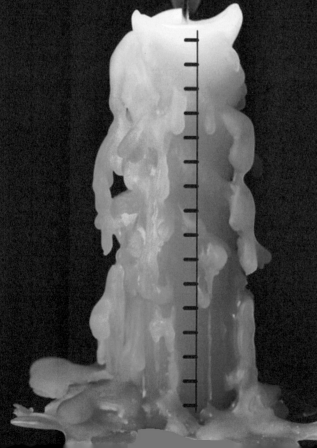

定时蜡

相同的燃料，烧完的时间应该相同，火钟即利用了这种周期现象。中国是火钟的故乡，发明了很多种火钟。

定时蜡：蜡烛本身的"燃料"数量已经确定，在燃烧时，只要周围环境变化不大，蜡烛燃烧的速度也就基本相同，那么烧完一支蜡烛的时间也就大体一致。如果在蜡烛上刻上相应的记号，就可以用它来测量时间了。

⏱ 火钟的种类

2

船形的火闹钟。

　　一个凹槽，每隔固定距离放上由细线系着的小球，细线上放有点燃的香，香烧到一个地方就烧断细线，相应的小球就落到下面的盘子上，发出清脆的响声，告诉人们时间。

点选时间以一炷香为限，即时生效

3

1

盘香的火闹钟。

　　用一些特殊树木磨成粉末，并加入一些香料，和成"面团"，就可以制成盘香了。大的盘香有几米长，可以燃烧几个月。在盘香的特定位置装上几个金属球，盘香下面放一个金属盘，当燃烧到某一特定的部位时，金属球就会落在金属盘里，发出清脆的响声，这就构成了火闹钟。

一炷香的时间就是火钟得到的时间。在电影《唐伯虎点秋香》中就有使用燃香计时的场景。

五、 人造的机械钟

机械钟的基础

将近两千年后的 1582 年，伽利略才纠正了这个错误，告诉人们摆长与周期的平方成正比，只要摆长恒定，就得到一种周期现象，这可以用来做钟表。但伽利略努力了一辈子，还是没有做出摆钟。

亚里士多德使机械钟的发展机会推迟了一千多年，因为他说"摆经过长弧比经过短弧用的时间长"，单摆的周期是不固定的，利用单摆的周期做不出钟表。

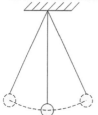 $T_1 > T_2$

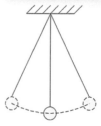 $T_1 = T_2$

3

惠更斯在 1656 年作出了第一台摆钟，因为他使用了擒纵器。

4

最早使用擒纵器的是我国宋朝苏颂设计的水运仪象台。

　　水运仪象台设计了"天衡"装置——擒纵机构，这是计时机械史上的一项重大创造，把轮机的连续旋转运动变为间歇旋转运动。

　　苏颂的水运仪象台制造出来以后，宋朝的皇帝认为它是"奇技淫巧"，破坏了都城开封的风水，把它搬到都城开封的一角，苏颂郁郁寡欢，没有传下详细资料，这使中国白白丧失了一次机械钟发展的机会。

擒
纵
器
的
作
用

1

摆钟的核心是擒纵器。

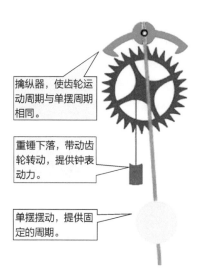

擒纵器，使齿轮运动周期与单摆周期相同。

重锤下落，带动齿轮转动，提供钟表动力。

单摆摆动，提供固定的周期。

2

擒纵器工作第一步。

当单摆处于最右边时，单摆摆动带动推杆A和轮齿接触，齿轮不动。

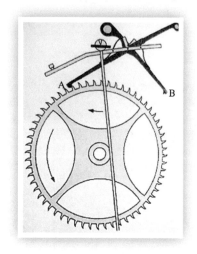

3

擒纵器工作第二步。

单摆向左边移动，推杆A松开轮齿，齿轮在重锤的牵引下开始转动，等单摆到中间时，推杆A和推杆B都与轮齿接触，又把齿轮锁上，齿轮停止运动。

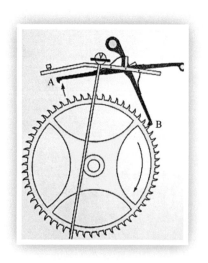

4

擒纵器工作第三步。

当单摆再向左移动，推杆A松开，推杆B锁紧齿轮，齿轮继续静止。当单摆从最左边向右运动时，按照上面的原理，齿轮会再走一定的距离。

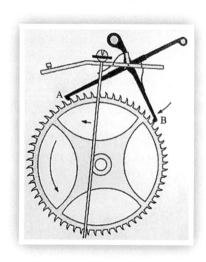

擒纵器控制齿轮按照单摆摆动的固定周期转动，形成钟表的计时基础。

刚开始的摆钟都『晕船』

1

惠更斯研制的摆钟使船员大为兴奋。

摆钟出来了，我们在海上终于有准确的时间了！

2

但试验的结果却令人失望。

在海上根本就用不了！

3

在海上面临的第一个问题是摇晃。

这是船摇晃还是单摆在摆动？

4

在海上面临的第二个问题是热胀冷缩。

天哪，单摆的摆线都被冻短了，我们的表又不准了，还是看看太阳确定时间吧。

5

当时惠更斯和胡克两位著名科学家都想到用螺旋平衡摆代替单摆，惠更斯在 1673 年研制出两台样品，到海上试验后还是失败了。

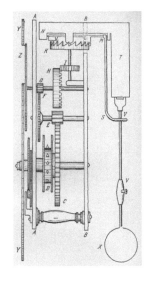

不 "晕船" 的摆钟

1

时间对确定海员位置非常重要。

大海航行靠时间

2

英国悬赏两万英镑来鼓励精确测量海上经度的方法。

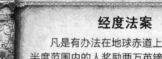

经度法案

凡是有办法在地球赤道上将经度确定到半度范围内的人奖励两万英镑；将经度确定到 2/3 度范围内的人奖励 1.5 万英镑；将经度确定到一度范围内的人奖励 1 万英镑。

3

英国的哈里森穷其毕生精力，研制出四代航海钟，用准确的时间确定了海上的经度。

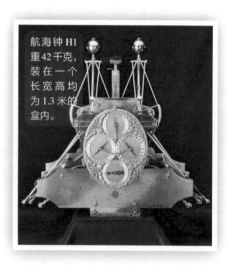

航海钟 H1 重42千克，装在一个长宽高均为 1.3 米的盒内。

发明一：设计了平衡摆，两只钟摆的两头分别用一根弹簧连接在一起。这样一来，一根钟摆受到的震动就会被另一根钟摆所抵消，无论船怎么摇晃，都不会影响这种平衡摆的频率。

航海钟 H2 比 H1 略小，但更重。

H3 也是庞然大物。

发明二：设计了新式擒纵器"蚂蚱"。这种像蚂蚱腿似的擒纵器，几乎没有摩擦，极大地提高了钟表的精度和抵抗环境变化的能力。

H4 是小不点，直径只有 13 厘米。

发明三：设计了"烤架"式钟摆。把 9 根长短不同的铜棍和铁棍组合在一起，两种金属不同的胀缩程度相互抵消，于是钟摆的长度就不会受温度的影响，大大提高了摆钟的精度。

六、 发展了四代的电子表

⏱ 电子表工作的基础是电磁振荡

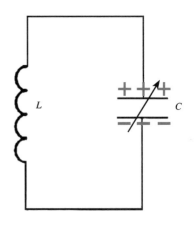

1

机械表流行了 300 多年，直到 20 世纪人们发现了电磁振荡现象。

2

一个电容和一个电感连在一起就组成了一个电磁振荡电路。要开始电磁振荡，需先对电容充满电。

3

充满电的电容要放电，在电路中形成电流，电路中的电流会在电感中形成磁场，但"懒惰"的电感总是阻碍磁场的变化，它使电路中的电流缓慢增加。

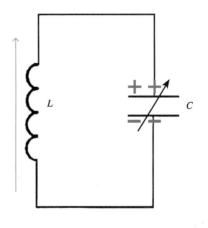

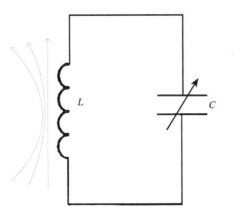

4

电容放电完成，电容上的电荷减小到零，电感中的磁场达到最大，电能转化成磁能。

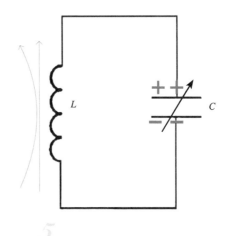

5

电容上没有电荷后，电路中本来应该没有电流了，但"懒惰"的电感又不想变化，它使电流慢慢减小，电路中仍然有电流，这样就会在电容上慢慢充电。

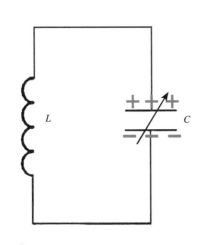

6

等电感里的磁场减小到零，电容上也充满了电荷，就可以开始下一个周期。

电容的电荷和电感的磁场周期变化，形成周期性的电磁振荡，这是电子表工作的基础。

四代电子表将精度提高了四个台阶

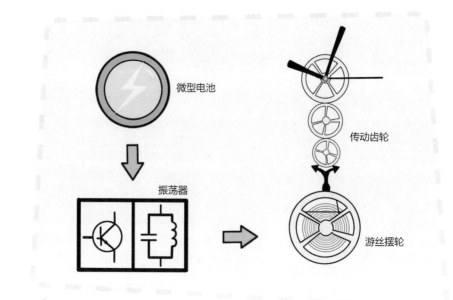

第一代电子表用磁场推动机械走时。

电池给振荡器提供能量，使之发生并维持振荡。振荡器磁场的周期性变化，作用于摆轮上的永久磁铁，推动摆轮来回摆动，带动指针转动，指示时间。每天误差约为 15s。

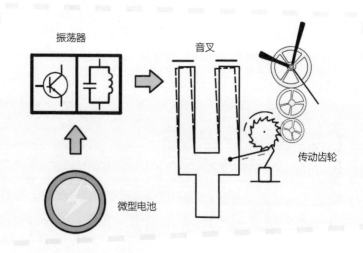

第二代电子表增加了音叉进行稳频。

磁场推动固定在音叉臂顶端的磁钢，音叉的振动频率和振荡器的振动频率相互作用，使整个振荡系统的振荡频率主要取决于音叉的振动频率，这就是稳频作用。音叉的另一个臂伸出一个推爪，推动计数轮转动计时。每天的误差在 5s 以内。

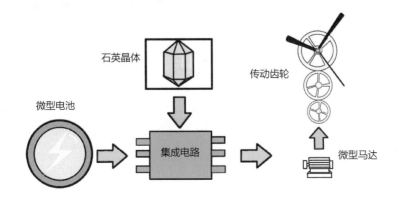

3

第三代电子表使用石英晶体进行稳频。

　　石英的形状随外加电压而变化，这就是压电效应。

　　使用石英作为稳频元件，产生非常稳定的 32768Hz 频率信号，通过集成电路变换成每秒振荡一次的信号，这个信号推动微型马达，带动齿轮、指针转动。

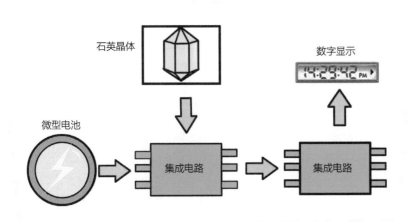

4

第四代电子表直接使用数字显示。

　　机械结构已经减少到最小程度，代替齿轮的是集成电路，代替指针的是发光二极管或其他显示元件。这使钟表的制造发生了重大变革，每天的误差不到 0.1s，达到了非常高的精度。

电子表精度越来越高，已经成为现代生活中最主要的计时工具。

用原子振荡频率的原子钟

原子钟的工作基础是原子振荡频率

1

原子由原子核和电子组成，电子只能在一定的轨道上运动，电子的运动轨道对应能级，能级是不连续的。这里的电子能在 3 个能级上，从低到高为：能级 1、能级 2 和能级 3。

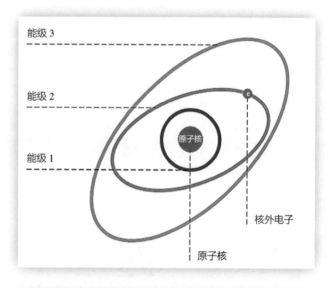

2

不安分的电子总是喜欢从一个能级跳到另一个能级，由于能级不连续，电子的能量就会变化，为了与其相适应，电子的跃迁总对应着光子的吸收或者释放。

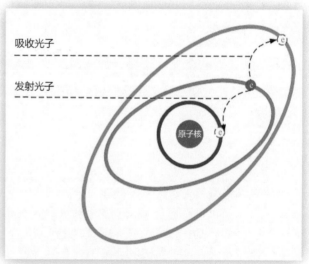

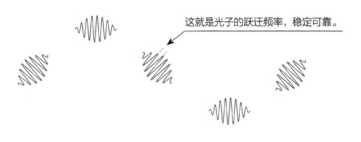

这就是光子的跃迁频率，稳定可靠。

3

光子对应一种能量，也对应一种频率，也就是一种
周期。

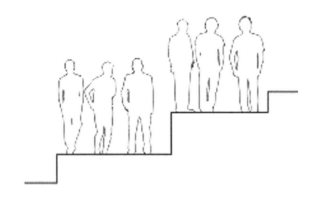

4

实现利用光子频率的原子钟，并不容易。

要实现原子钟，需要选定一个原子的基态（低能量状态）
和激发态（高能量状态），让原子从激发态向基态跃迁。但一
般情况下，原子处在基态和激发态的数目基本是相同的，向基
态跃迁和向激发态跃迁的原子数目是一样的，辐射和吸收的光
子基本相等，外界看不出光子的变化。但如何让大多数的原子
都集中到激发态，并且向基态能级跃迁呢？

原子振荡约束晶体振荡器

　　原子钟分为物理部分（原子谐振器）和电路部分（锁相电路）。原子钟谐振器将原子跃迁的辐射频率引出，锁相电路使用原子跃迁辐射频率约束住晶体振荡器，使晶体振荡器输出频率的长期特性与原子跃迁辐射频率的特性相同。

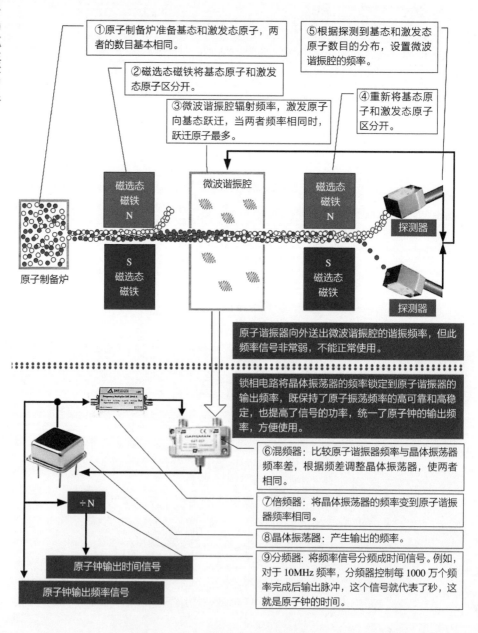

①原子制备炉准备基态和激发态原子，两者的数目基本相同。

②磁选态磁铁将基态原子和激发态原子区分开。

③微波谐振腔辐射频率，激发原子向基态跃迁，当两者频率相同时，跃迁原子最多。

⑤根据探测到基态和激发态原子数目的分布，设置微波谐振腔的频率。

④重新将基态原子和激发态原子区分开。

磁选态磁铁 N

微波谐振腔

磁选态磁铁 N

探测器

原子制备炉

S 磁选态磁铁

S 磁选态磁铁

探测器

原子谐振器向外送出微波谐振腔的谐振频率，但此频率信号非常弱，不能正常使用。

锁相电路将晶体振荡器的频率锁定到原子谐振器的输出频率，既保持了原子振荡频率的高可靠和高稳定，也提高了信号的功率，统一了原子钟的输出频率，方便使用。

÷N

⑥混频器：比较原子谐振器频率与晶体振荡器频率差，根据频差调整晶体振荡器，使两者相同。

⑦倍频器：将晶体振荡器的频率变到原子谐振器频率相同。

⑧晶体振荡器：产生输出的频率。

⑨分频器：将频率信号分频成时间信号。例如，对于 10MHz 频率，分频器控制每 1000 万个频率完成后输出脉冲，这个信号就代表了秒，这就是原子钟的时间。

原子钟输出时间信号

原子钟输出频率信号

5071A Primary Frequency Standard

守时铯原子钟(Agilent 5071A)

芯片原子钟（最小的商品原子钟）

MHM 2010

铷原子钟 (FS725)

SOHM—4型氢原子钟
中国科学院上海天文台

SOPH 被动型氢原子钟
中国科学院上海天文台

几种氢原子钟

最精确的铯原子钟（美国国家标准局的 NIST-F1）

第三章
对表的依据是什么

一、对表需要的标准时间

二、使用日晷做参考的本地时间

三、不同地方的本地时间不同

四、国际统一的世界时

五、国际统一的历书时

六、国际统一的协调世界时

七、我国的标准时间

对表需要的标准时间

所有的钟表都面临的问题

1. 小明参加高考的地方不让带表。

2. 看时间只能靠墙上的挂钟。

3. 根据挂钟的时间安排做题过程。

4. 没想到挂钟慢了。

5. 钟表的问题耽误了大事。

任何一个钟表，都有可能变快、变慢甚至停下，这是不能避免的。

解决的方法是对表

所有的人都需要对表，将自己的表与一个标准进行对比，然后调一下自己的表。

1. 中世纪的海员靠落球来对表。

看，球刚落下，中午1点到了。

2. 唐朝的长安人靠钟声开始一天的生活。

钟声响起来了，是卯时，该开门了。

3. 士兵根据指挥员的表来对表。

现在对表，2点15分。

4. 现代人根据电视来对表。

与电视上的表对一下，我就知道怎么调表了。

对表的参考就是标准时间。

不同的标准时间

1. 小村子需要统——个村子的时间。

> 我们整个村子的钟表就是太阳，日出而作，日落而息。

2. 特别行动小组需要统一几个人的时间。

> 现在统一对表，8 点 15 分。

3. 一个城市需要统一城市的时间。

> 中午的时候点炮，整个城市的中午就靠我这声炮响了。

4. 全球活动需要全球统一的时间。

> 我在全球活动，需要使用全球统一的时间。

标准时间实际上是一个被活动范围内所有人都认可的时间。

产生标准时间的钟表需满足三个条件

1. 什么东西才能作为标准。

标准时间就是一个大家都认可的钟表的时间，要有这样一个钟表，就需要对一个周期现象进行计数，周期现象应该怎么选呢？

2. 对周期现象的第一个要求是大家认可。

活动范围越大，大家包含的内容越多。

3. 对周期现象的第二个要求是可观测。

年轮的形成是一种周期现象，一年一个年轮。

我怎么看不到呢？是不是不可观测？

4. 对周期现象的第三个要求是可重复。

一个波浪和下一个波浪之间的间隔是 20 秒，这是一种周期现象。

今天是这样，但明天可能就变了，这不可重复。

使用日晷做参考的本地时间

太阳照射形成白天黑夜的周期更替

1

太阳的照射形成了白天和黑夜。

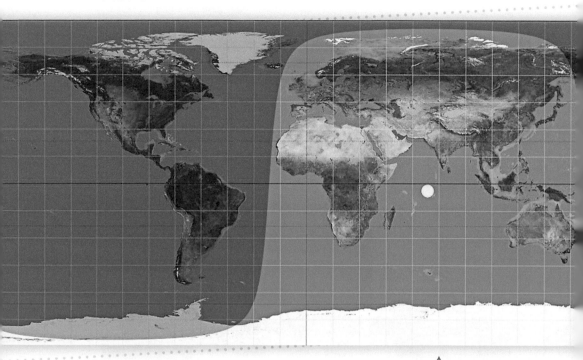

太阳直射的经度线处于正午，是白天的正中间。

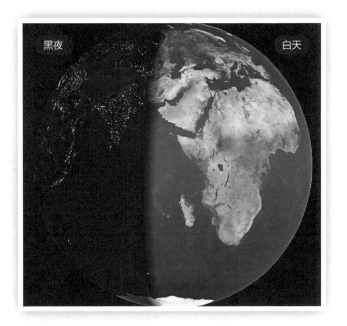

黑夜　白天

白天黑夜过渡的地方是晨昏线

2

太阳东升西落，白天黑夜周期更替，形成一天。

日出东海（06:13）

日落西山（18:25）

年和月也是由周期现象得到的

1

太阳的周期变化形成年（天空上的圆点为一年内在每天相同时刻太阳位置的变化）。

2

月亮形状的周期变化形成月相（一个月内月相由左边的上弦月变化到右边的下弦月）。

在几千年前，人们就已经观察到太阳和月亮在天空中的变化，并由此得到了年和月的概念，这两个单位和日组合在一起，就构成了我们计时体系的基础。古人对时间要求并不高，年月日的概念已经够用，但随着生产的发展，日的单位也嫌太大，需要将其细分。

1 中国古代把一天分成十二时辰

寅时（3：00～5：00，五更）
平旦、黎明、日旦（夜与日交替之际）
虎时（虎已睡醒，开始觅食，一天中最猛的时候）

3

丑时（1：00～3：00，四更）
鸡鸣、荒鸡（一天第二个时辰）
牛时（牛开始反刍，准备耕田园）

2

卯时（5：00～7：00）
日出、破晓（太阳冉冉初升）
兔时（兔子开始出窝觅食）

4

子时（23：00～1：00，三更）
子夜、中夜（一天的开始）
鼠时（老鼠开始出洞活动）

1

辰时（7：00～9：00）
食时、早食（早钣时间）
龙时（传说中龙行布雨的时间）

5

12

亥时（21：00～23：00，二更）
人定、定昏（夜深，人们停止活动，安歇睡眠了）
猪时（夜深时分，猪正在酣睡）

巳时（9，00～11：00）
隅中、日禺（临近中午的时候，太阳在正中）
蛇时（蛇藏在草丛中，开始觅食）

6

十二时辰
二十四小时

戌时（19：00～21：00，一更）
黄昏、日暮（太阳落下，大地昏黄，万物朦胧）
狗时（狗开始守门）

11

午时（11：00～13：00）
日中、中午（太阳在正顶）
马时（阳气鼎盛，阴气始出，属阴的马开始活动）

7

酉时（17：00～19：00）
日落、傍晚（太阳落山的时候）
鸡时（鸡于傍晚开始归巢）

10

未时（13：00～15：00）
日昳、日跌（太阳偏西为日跌）
羊时（羊在这段时间吃草）

8

申时（15：00～17：00）
哺时、日铺、夕食（该吃晚饭了）
猴时（猴子喜欢在这个时候啼叫）

9

日晷是古代计时工具

赤道式日晷。

日晷指示的时间就是标准，其他水钟、火钟时间都据此校准。

晷针，垂直地穿过圆盘中心，晷针的上端正好指向北天极，下端指向南天极。

晷面，安放在石台上，常见的赤道式日晷，晷面南高北低，平行于赤道面。

当太阳光照在日晷上时，晷针的影子就会投向晷面，太阳由东向西移动，投向晷面的晷针影子也慢慢地由西向东移动。于是，移动着的晷针影子好像是现代钟表的指针，晷面则是钟表的表面，以此来显示时间。

⏱ 日晷大家庭

1

高高的纪念碑就是日晷的指针。

2

赤道式环式日晷：晷面是坏形，晷针指向北天极。

3

东向或西向垂直日晷：晷面朝正东或者正西，垂直地面放置。

4

地平式日晷：晷面水平放置，晷针指向北天极，晷针和晷面的夹角是当地的地理纬度。

5

现代的日晷更主要的是一种装饰。

日晷测量的是本地时间

1. 将影子最短的时间定为中午12点。

2. 小明从上海出发到乌鲁木齐。

现在影子最短，是中午12点，我出发去乌鲁木齐。

3. 小明在飞机上经过了4个小时。

飞机需要飞行4个小时。

4. 到了乌鲁木齐仍然是中午。

？

影子没有变化，还是中午12点，我在飞机上的4个小时哪去了？难道我穿越了？

5. 各地都将太阳正顶作为中午12点，中午12点并不同时出现。

日晷根据影子只能测量出本地时间。

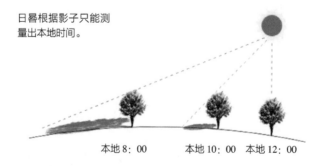

本地 8：00   本地 10：00   本地 12：00

本地时间引起的错乱

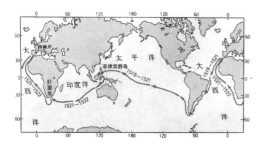

1

麦哲伦环球航行的时候从西班牙向西航行，再到西班牙时发现他们的日历晚了一天。

9月7日了他们还没回来。

船长，离西班牙还有半天的路程，我们9月6日能到。

2

电影《80天环游地球》中的主人公从英国出发向东走，再回到英国的时候发现他们的日历早了一天。

3

外交官发现，不同国家的人的时间是对不上的。

主人，这是今天的报纸，今天是星期六。

不对，今天是星期天。

抱歉，现在才8点，你就别催了！

胡说，我的表都8点半了！

4

跨国活动增加了对时间的疑惑。

⏱ 太阳直射位置的变化导致本地时间变化

1

12:00, 北京正午太阳直射。

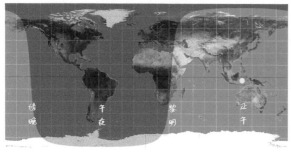 

2

18:00, 北京傍晚太阳落山。

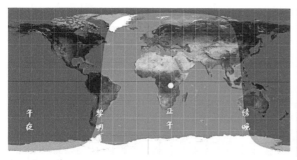 

3

00:00, 北京子夜没有太阳。

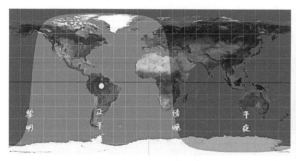 

4

06：00，北京黎明太阳升起。

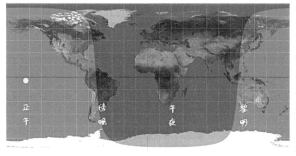

人们活动范围扩大到一定程度，就会发现地方时的区别。

 时区和日期变更线

1

直到 1898 年，加拿大的一个铁路工程师伏列明提出时区的概念。地球自转 360° 是 24 小时，每小时转 15°。每 15° 经线设为一个时区，一个时区内采用同一个时间。

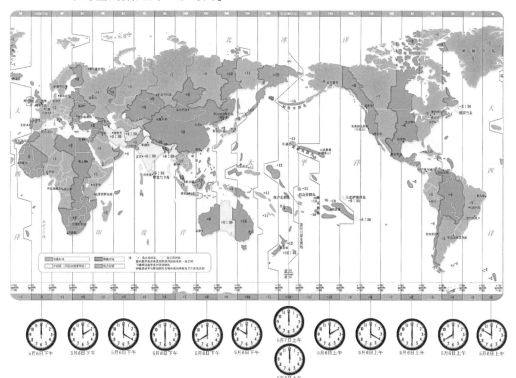

伦敦处于 0° 经线，往左往右各 7.5° 为零时区，从东经 7.5° 开始，每 15° 为一个时区，向东每过 1 个时区增加一个小时。从西经 7.5° 开始，每 15° 为一个时区，向西每经过一个时区减少一个小时。这样，全球的旅行就不会产生时间混乱。

如果伦敦是 5 月 6 日中午 12 点。从伦敦向东，每 30° 过两个时区，需要加上 2 个小时，按这个标准来算，东经 180° 就是 5 月 7 日的午夜 0 点。但是，从伦敦向西，每 30° 过两个时区，需要减少 2 个小时，按这个标准来算，西经 180° 就是 5 月 7 日的午夜 0 点。遗憾的是东经 180° 线和西经 180° 线是一条线，这条线东西时间相差 24 小时，明显是不合理的。

解决的办法是把 180° 经线规定为"国际日期变更线"。当你由西向东穿越国际日期变更线时，必须在你的计时系统中减去一天。反之，由东向西穿越国际日期变更线时，必须加上一天。这样就避免了日期的错乱。

国际日期变更线通过的是太平洋上的水域，只有几处人口很少的陆地处在它的通路上。为了绕开有人居住的陆地，以使上面的居民有同样的时间，国际日期变更线可以偏离 180°。

时区和国际日期变更线弄明白后，建立全球统一的时间就有可能了。

⏱ 有趣的国际日期变更线

1. 远洋航行的船上，一个孕妇快要生了。

2. 在 180° 经线的西侧，姐姐出生了，生日是 2003 年 1 月 1 日。

3. 就在这时，船往东过了 180° 经线，船长将日历往前翻了一页，时间变成 2002 年 12 月 31 日。

4. 没多久，妹妹出生了，可生日却比姐姐早一天。

5. 以后，妹妹的生日就比姐姐早了一天。

6. 最后，告诉你一个秘密，一年过两个生日。

四、 国际统一的世界时

人类严格定义的第一个时间尺度

1

定义时间尺度最重要的
是周期现象。

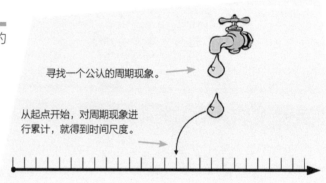

寻找一个公认的周期现象。

从起点开始，对周期现象进
行累计，就得到时间尺度。

2

世界时采用的周期现象是日。

地球自转是形成
日的原因，反过来说，
在地球上每看到一次
太阳升起，或者每看
到一次星星在天空中
出现，这就告诉人们：
又一日了。

一日除以86400，
就得到1秒，这是
世界时基本单位秒的
定义。

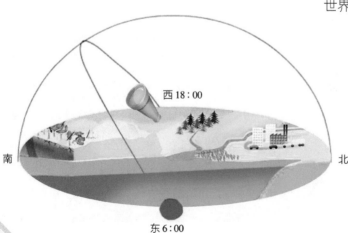

西 18：00

南

北

东 6：00

3

世界时是英国格林尼治天文台的本初子午线的时间，因为这是零时区，其他时区的用户加上时区差后就可以使用。

格林尼治天文台

本初子午线

世界时的测量

1

测量地球自转最关键、最直接的参考是太阳，但遗憾的是，这样的时间是不准的。

因为地球一年要绕太阳公转一周，1 天大约要转 1°。如果利用太阳作为参照物，在地球自转一周的时间，太阳的位置也改变了 1° 左右，这会影响对"天"的观测精度。根据太阳作为参考的"真太阳日"是不均匀的。

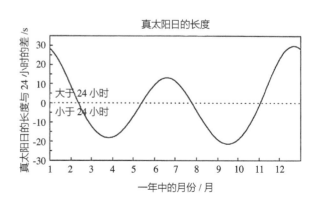

秋分和冬至的太阳日长度相差竟然达到 51 秒

2

解决的办法有两个，使用恒星作为参照物的恒星日，或者使用 1 年内的平均日长的平太阳日。由于太阳与人们的生活息息相关，最终选定平太阳日作为世界时的日长。

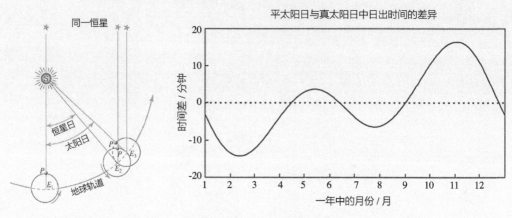

平太阳日与真太阳日中日出时间的差异

恒星的 1 天 = 平太阳日的 23 小时 56 分 4 秒，一年中，平太阳日与真太阳日的差竟然达到 18 分钟。

1

世界时的各种修正

为了消除由地轴进动和极点移动引起的地球极点的变化，采用一个平均值"平北极"。平北极是世界时的第一种修正，修正后的世界时称为 UT1。

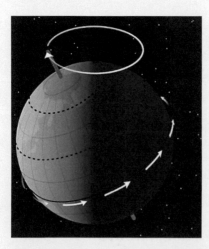

地球受月球的吸引而产生进动，地轴指向天空的方向是一个圆，25800 年回转一周，现在地轴北极指向北极星，12000 年后将指向织女星。

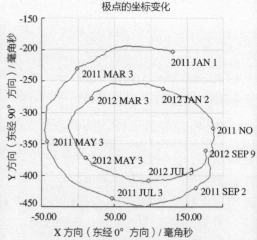

极点的坐标变化

另外，两极在地球表面的位置变化约 20m² 的极移，使得以极点为基础确定的经纬度发生变化，导致世界时秒长发生变化。

2

为了消除季风、植物的生长、雷电的分布等随季节变化的各种因素对地球自转的影响，对世界时进行第二种修正，修正后的 UT1 记为 UT2。

运动员身体伸展开，转动速度就会变小，同理，地球的转动速度也会随质量分布的改变而改变。

3

从近 40 年内一天长度与 86400s 的差值可以看出，地球自转长期变化规律是减慢。世界时的精确度也就有限了。

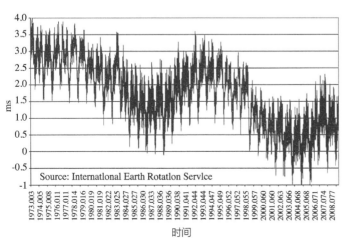

以季风的影响来说，每年夏季从海洋吹到陆地上，冬季又从大陆吹到海洋，这些风的重量大得难以相信，竟然有 300 万亿吨！这么大的重量，从一处移动到另一处，过一阵又移动过来，地球的重心就会发生变化，地球自转的速度也随之变化。这种变化就是季节性的影响。

五、 国际统一的历书时

⏱ 历书时的定义

1

地球的自转太复杂，世界时的精度很快不能满足使用要求。我们用尽一切办法，世界时也只能达到 10^{-7} 的精度，相当于 1s 有 0.1μs 的误差，按这个速度累计下去，30 年就可以差到 1s。

是不是我们的定义不好？有没有更准确的周期现象？

2

这个周期现象就是地球绕日公转。

地球绕太阳公转，也可以想象成一个巨大的时钟。太阳与地球的连线相当于一个指针，就像一种秒针上带有小球的闹钟一样。不过，小闹钟的球转一周的时间是 60s，地球转一周的时间是一年。

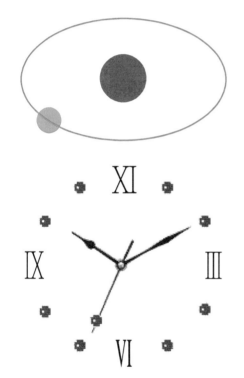

3

1956 年制定了以地球绕太阳的公转周期为基准的计时系统，称为历书时，记为 ET。

1960 年开始采用历书时的时候规定："历书时的起始时刻是世界时 1900 年 1 月 1 日 0 时，在时刻上严格与世界时衔接起来；历书时的秒是 1960 年 1 月 1 日 0 时开始的回归年长度的 1/31 556 925.9747。"

历书时的基本单位是年，将年分成秒。

4

在世界时和历书时的天文学时间尺度中，基本单位秒是分割出来的。

地球公转周期比较稳定

1

历书时并不是直接观测太阳得到的。

　　根据历书时的定义，在地球上观测太阳的视运动即可确定历书时。但是，由于太阳的视运动比月球慢 13.37 倍，因此，根据太阳得到的历书时的误差也比观测月球得到的历书时误差大，并且太阳更不容易观测。因此。历书时是根据对月球的观测得到的。

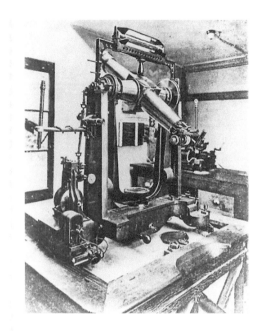

2

观测月球的中星仪。

3

月球观测也有一定的难度。对月球观测要用望远镜照相，星星、月球的亮度和运动速度不同,亮度也不同,很难同时显示。最重要的是，天体运动规律太复杂，利用月球的运行规律反推太阳是很难的。

历书时观测难度大，也只能达到 10^{-9} 的精度，人们就想寻找其他的时间尺度。

最稳定的原子时

1967 年的第十三届世界度量衡会议决定采用原子时。原子时的秒长是这样定义的："铯133原子在基态的两个超精细能级结构间零磁场跃迁时，辐射频率的 9 192 631 770 个周期持续的时间为 1 秒。"选取 1958 年 1 月 1 日世界时的 0 时为原子时的时刻起点，这样不会造成时间的跳变。

1

原子时的秒是由很小的周期累计得到的。

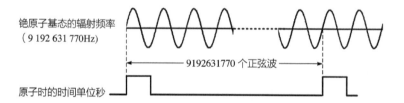

铯原子基态的辐射频率
（9 192 631 770Hz）

9192631770 个正弦波

原子时的时间单位秒

2

原子钟输出的是 10MHz 频率的电压信号，用这个信号的相位表示时间（图中，f_0=10MHz，T=100ns）。

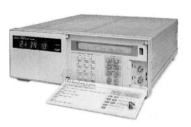

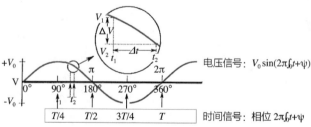

电压信号：$V_0 \sin(2\pi f_0 t + \psi)$

时间信号：相位 $2\pi f_0 t + \psi$

3

为了使用方便，原子钟也输出秒信号，是一个脉冲信号，每累计 10^9 个 10MHz 的信号输出一个秒信号，为了精确，脉冲的上升沿变化最快的地方定义为秒发生时刻。

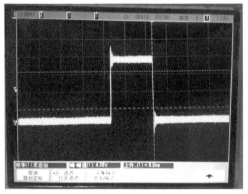
秒信号轮廓

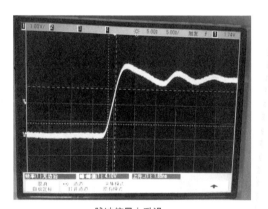
脉冲信号上升沿

4

原子时的特点是非常稳定、均匀性非常好，20 世纪末就能达到 10^{-12}，比历书时精确 1000 倍。

稳定的原子时

原子时和世界时的争论

1

有些人希望用世界时，因为世界时与地球自转相关。

测绘

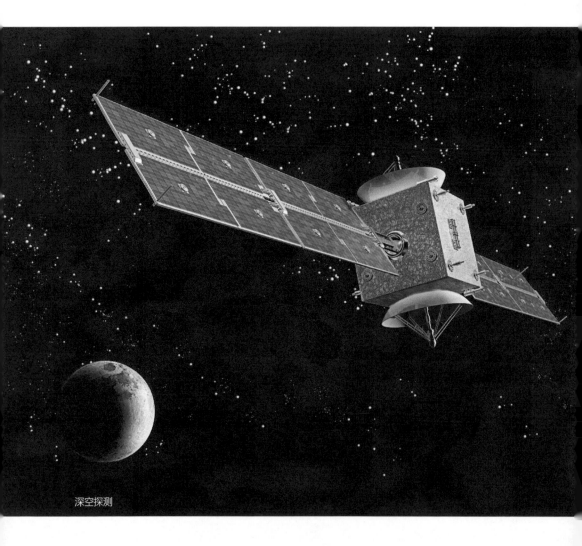

深空探测

2

有些人希望用原子时，因为原子时稳定。

通信

电子

3

如果完全使用原子时，由于地球自转变慢，按照现在的速度，5000 年差一个小时！两个时间会对不上。30000 年后，有时中午 12 点太阳才升起来，有时凌晨就升起来。这可怎么办？

啊！天都这么亮了，才半夜 12 点！

都 12 点了，太阳才升起来，我怎么打鸣！

两种人争论不已，谁也说服不了谁。

和稀泥的协调世界时

科学家经过复杂的讨论、研究后,给出了解决办法:用协调世界时。

1

协调世界时用原子时的秒固定地走，但有时会多出来 1s
（也可能少），保证时刻与世界时的差在 0.9s 以内。

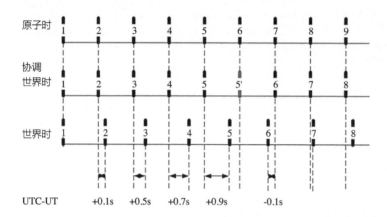

2

多或者少的 1s 称为闰秒，一般放在 5 月 31 号或者 12
月 31 号的最后一分钟的最后一秒。

正常的时间	…	23:59:57	23:59:58	23:59:59	00:00:00	00:00:01	…	…
闰秒的时间	…	23:59:57	23:59:58	23:59:59	23:59:60	00:00:00	00:00:01	…

3

北京时间的闰秒和协调世界时的闰秒。

北京时间
2009年01月01日
07:59:60
中国科学院国家授时中心

12/31/08
23h 59m 60s

协调世界时是目前公认的国际时间标准。

七、 我国的标准时间

协调世界时不能实时应用

使用人造的原子钟产生国际标准时间有风险。

原子钟坏掉的风险

停电的风险

2

全球的原子钟共同参与，产生协调世界时，可以减少这些风险。

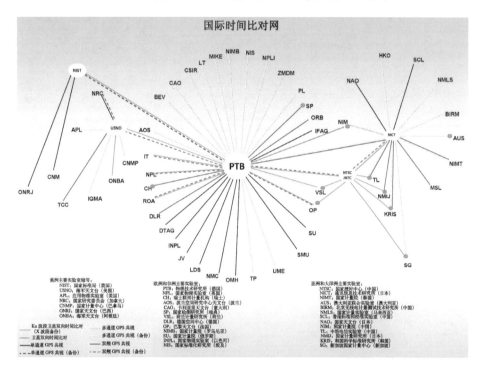

国际时间比对网

美洲主要实验室缩写：
NIST：国家标准局（美国）
USNO：海军天文台（美国）
APL：应用物理实验室（美国）
NRC：国家研究委员会（加拿大）
CNMP：国家计量中心（巴拿马）
ONRJ：国家天文台（巴西）
ONBA：海军天文台（阿根廷）

欧洲和非洲主要实验室：
PTB：物理技术研究所（德国）
NPL：国家物理实验室（英国）
CH：瑞士联邦计量局（瑞士）
AOS：波兰空间研究中心天文台（波兰）
CAO：卡布里亚天文台（意大利）
SP：西班牙天文台（西班牙）
VSL：荷兰计量研究所（荷兰）
DLR：德国空间中心（德国）
OP：巴黎天文台（法国）
NIMB：国家计量院（罗马尼亚）
SU：国家计量局（俄罗斯）
INPL：国家物理实验室（以色列）
NIS：国家标准研究所（埃及）

亚洲和大洋洲主要实验室：
NTSC：国家授时中心（中国）
NICT：通讯信息技术研究所（日本）
NIMT：国家计量院（泰国）
AUS：澳大利亚联合实验室（澳大利亚）
BIRM：北京无线电计量测试技术研究院（中国）
NMLS：国家度量衡实验室（马来西亚）
SCL：香港标准及校正实验室（中国）
NAO：国家天文台（日本）
NIM：国家计量院（中国）
TL：中华电信实验室（中国）
NMIJ：国家计量院（日本）
KRIS：韩国科学标准研究所（韩国）
SG：新加坡国家计量中心（新加坡）

Ku 波段卫星双向时间比对
（X 波段备份）
卫星双向时间比对
—— 单通道 GPS 共视
- - 单通道 GPS 共视（备份）

多通道 GPS 共视
多通道 GPS 共视（备份）
—— 双频 GPS 共视
- - 双频 GPS 共视（备份）

3

协调世界时是纸面的、滞后的时间尺度，由位于法国的国际计量局负责。

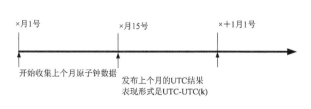

×月1号   ×月15号   ×十月1号

开始收集上个月原子钟数据

发布上个月的UTC结果
表现形式是UTC-UTC(k)

使用实时预测的协调世界时

1

各个国家都预测协调世界时，作为本国家的时间标准。

你一迟到就是一个月半个月的，让我们怎么用？

我们还是根据以前的数据来预测 UTC 吧，这样才能用。我们预测的就命名为 UTC（k），k 就是我们实验室的缩写。等 UTC 出来以后，我们再比较两个值，看我们预测的好不好。

2

我国的标准时间是 UTC(NTSC)，这是 UTC 的一个实现（NTSC 是中国科学院国家授时中心的缩写）。

北京时间根据 UTC(NTSC) 产生

1

UTC(NTSC) 加上 8 个小时的时区差就是北京时间（左二）。

2

UTC(NTSC) 精度世界第三。

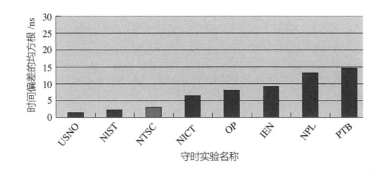

注：USNO 是美国海军天文台；NIST 是美国国家标准局；NTSC 是我国的国家授时中心；根据 BIPM T 公报数据（UTC-UTC(NTSC)）得到左图数据。

第四章
我们怎么得到时间

一、时间传递让我们得到时间

二、古代授时方式

三、现代授时方式

四、精度更高的时间传递方式

一、 时间传递让我们得到时间

🕐 为什么要时间传递

古代的标准时间在观象台产生。

现代的标准时间在国家守时实验室产生。

这里的时间对普通人来说，像天上的月亮一样遥不可及，怎么才能得到呢?

这就需要时间传递，时间传递利用各种通信手段，将标准时间送到需要的地方。

 ## 什么是时间传递

时间传递的目标是将时间从一个地方传递到另一个地方。

可以将时间传递给一个人，也可以将时间广播给大家，声音和现代的无线电都是传递的方式。

时间传递的目的是让两个时钟同步起来。同步有两种：一种是钟面完全一致；一种是钟面不一致，但知道钟差。

如果传递的是国家（或者地区）的标准时间，并采用广播的方式，就成为授时。

授时是时间传递的一种方式，但授时是一对多，时间传递则不受限制，可以一对一，也可以一对多。

二、古代授时方式

不同阶段的授时方式

晨钟暮鼓: 古老的授时方式，钟楼的钟声标志一天生活的开始，鼓楼的鼓声则是一天劳作的结束。

西安的钟楼

西安的鼓楼

打更报时：古代更夫在晚上
传递时间。

午炮报时：清朝开始在正午时分鸣炮，供人们对时。

落球报时：下午 1 点，房顶上的圆球准时落下，供附近的人们对时（格林尼治天文台的落球报时）。

这种授时方式为海员服务了近百年，是中世纪远洋航行的一大功臣。

传递时间的塔钟

英国的大本钟。

加拿大国会大厦塔钟。

最好的钟表

什么钟表是最好的钟表?

几十万的世界名表?

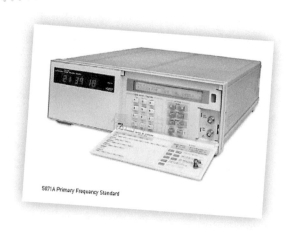

5071A Primary Frequency Standard

几十上百万的原子钟?

从使用角度来说，最好的标准时间是直接控制的钟表，包括如下三个部分：

接收标准时间信号的
无线电接收器

根据标准时间对钟表进行调整
的控制机构

钟表走时机构

光动能电波表，挑战无限完美

只要有光就有能量，
只要能接收到电波，
就能自动调整时间和日期！

光动能电波表，
近乎完美的自动管理，
让佩戴者从容安心！

使用低频时码授时技术的电波表是常见的一种手表，日常生活中使用起来是很方便的。

其实，借助于现代授时技术，有很多种满足各种用途的电波控制的钟表，例如，GPS 接收机的时钟、手机上的时钟都是电波控制的钟表，这些产品从普通的民用到高精尖的科研，都能找到相应的产品。

现代授时几乎无处不在

互联网授时

电网授时

长波授时

同步精度百万分之一秒

中国科学院

84 10 14

短波授时

我国低频时码授时台的发播天线

电视授时

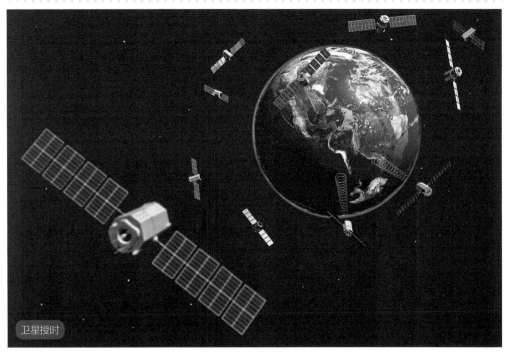

卫星授时

授时精度覆盖了从 10 ns 到秒级的范围，几乎利用了所有的通信手段。这由时间的特性所决定：时间是一个基本物理量，时间的测量精度最高，有将其他物理量的定义采用时间导出的趋势。并且时间与其他物理量不同的是，时间可以直接将国家标准传递到用户。

现代授时的过程是什么样的

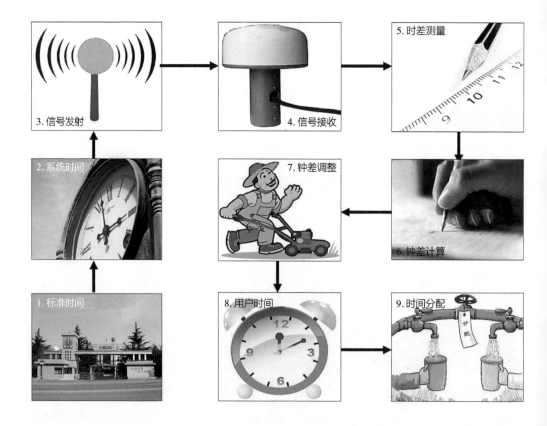

现代的授时精度最高约 10ns，更高的时间传递就需要专门的时间传递技术。

标准时间：由于协调世界时是国际统一的时间参考，但协调世界时是滞后的时间尺度，每个国家都保持有实时的 UTC(k)，授时系统的时间都需要溯源到这个时间。

系统时间：为了使用，一般授时系统都在本地产生一个时间，这个时间是授时系统的系统时间。

信号发射：根据系统时间的时间，发射特定格式的信号，发射信号的频率由产生系统时间的频率决定，发射信号的发射时间由系统时间决定。

信号接收：用户使用专门的接收设备，接收授时系统发射的授时信号。

时差测量：用户测量出"信号发射时授时系统的时间—信号接收时用户的时间"，其中包含授时信号在路径上的传播延迟和用户时间与系统时间的差。

钟差计算：用户计算出授时信号在路径上的传播时延，从时差中扣除，就得到用户时间与系统时间的差。一般授时都要求将系统时间改正到标准时间，授时系统的发射信号里一般都包含系统时间与标准时间的偏差信息。

钟差调整：用户根据用户时间与系统时间（标准时间）的差，对用户时间进行调整，使本地时间与系统时间（标准时间）的偏差在允许的范围以内。

用户时间：用户时间控制接收机对信号进行接收，测量时差并计算出钟差，用户时间需要根据钟差进行调整。

时间分配：用户根据需要，将接收机产生的本地时间和频率分配到各个使用单元。

四、 精度更高的时间传递方式

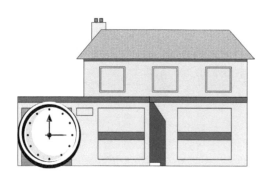

共视时间比对

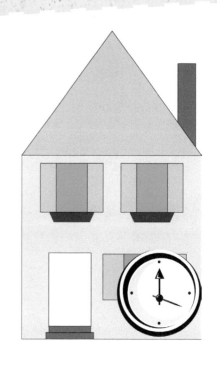

怎样对表？

住在小镇两边的两个人，需要比较他们家里的座钟。最直接的方法是将钟表搬到一个房间里进行比较，但是这个过程费时、费力，搬走后就没有钟可用。

共视可以使他们在不移动钟的情况下实现对钟。

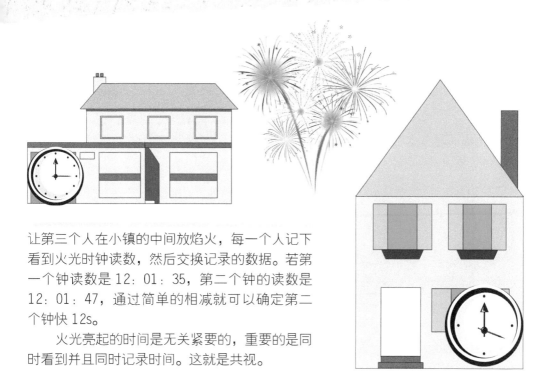

让第三个人在小镇的中间放焰火，每一个人记下看到火光时钟读数，然后交换记录的数据。若第一个钟读数是 12：01：35，第二个钟的读数是 12：01：47，通过简单的相减就可以确定第二个钟快 12s。

火光亮起的时间是无关紧要的，重要的是同时看到并且同时记录时间。这就是共视。

共视方法在 2000 年前就已经出现，两个地方同时观测月食，记下月食发生的本地时间，根据时间差测量两个地方的经度差。

利用导航卫星的共视时间比对，已经成为应用最广的远程比对方式，精度达到 3～5ns。

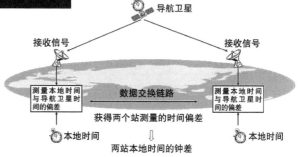

双向时间比对

> 对于双向时间传递，路上的花费的时间是无关紧要的，重要的是两个人在路上花费的时间相同。

两个人想对表，记下自己的时间后出发。

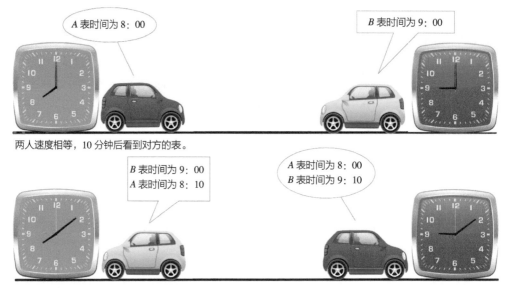

A 表时间为 8：00

B 表时间为 9：00

两人速度相等，10 分钟后看到对方的表。

B 表时间为 9：00
A 表时间为 8：10

A 表时间为 8：00
B 表时间为 9：10

因为路上时延，两个人的结论是不同的。

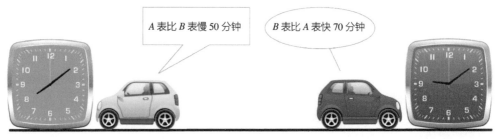

A 表比 *B* 表慢 50 分钟

B 表比 *A* 表快 70 分钟

平均一下就可以得到正确的结果。

A 表比 *B* 表
慢 60 分钟

共视和双向是远程时间比对的方法，精度最高也就 1ns 左右，精度更高的时间传递是在实验室内，使用电缆作为时间传递的介质，由于电缆非常稳定，传递精度能达到皮秒甚至飞秒量级。实验室内的传递一般称为测量。

⏱ 测量的基本知识

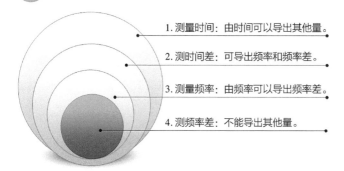

1. 测量时间：由时间可以导出其他量。

2. 测时间差：可导出频率和频率差。

3. 测量频率：由频率可以导出频率差。

4. 测频率差：不能导出其他量。

时间频率测量有四个档次，因为频率测量不受链路固定时延的影响，相对时间测量更加容易。

一般不用绝对偏差衡量时间频率信号。

对于一个输出频率标称值为 10MHz 的原子钟，如果实际输出频率是 10 000 000. 000 3Hz，这样表示不太方便，通常用相对频偏表示其准确度：(10 000 000. 000 3Hz~10MHz)/10MHz = $3×10^{-11}$。

对应相对频偏，有相位时间的概念，相对频偏（y）与相位时间（x）的关系为

$$\chi(t)==\int_0^t \gamma(\tau)\mathrm{d}\tau \qquad \gamma(t)=\frac{\mathrm{d}\chi(t)}{\mathrm{d}t}$$

从这里可以看出，可以通过分析一段时间内时间的变化来进行频率测量。

对一个时间量或者频率量主要有 3 个指标衡量。

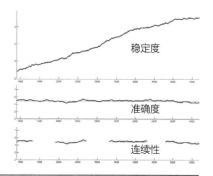

稳定度

准确度

连续性

稳定度（精度）和准确度。

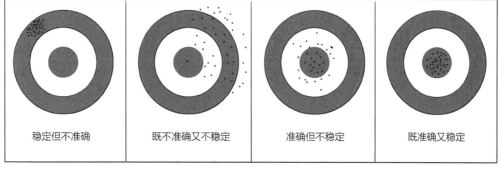

稳定但不准确　　　既不准确又不稳定　　　准确但不稳定　　　既准确又稳定

实验室内测量频率

1

从频率的定义可以看出测量频率
的关键：单位时间内周期事件重
复次数。例如，荡秋千这种周期
现象。

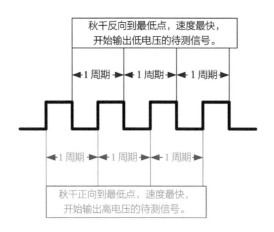

秋千反向到最低点，速度最快，
开始输出低电压的待测信号。

|←1周期→|←1周期→|←1周期→|

|←1周期→|←1周期→|←1周期→|

秋千正向到最低点，速度最快，
开始输出高电压的待测信号。

2

测量的第一步：整理出待测的电
压信号。

3

测量的第二步：使用一个振荡器产生一个已知频率，分
频产生单位时间（1s）。

振荡器　　10MHz　　分频器（÷10^7）　　←1s→

测量的第三步：在单位时间内对待测电压信号的重复次数进行统计，计数 2 就是 2Hz。这种方法一般能达到 10^{-9} 的测量精度。

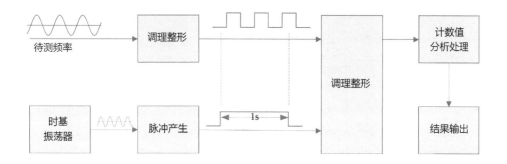

测量的第四步：提高测量精度的差拍法。

待测频率标称值已知（如 10MHz），将参考频率设置为待测频率标称值偏一个值（如 100Hz），这样，差拍因子为 10MHz/100Hz。混频后就得到 100Hz 的频率，测量这个频率的变化，就反映了待测频率的变化。如果对 100Hz 的测量精度是 10^{-9}，对待测频率的测量精度要提高差拍因子倍，为 10^{-14}，测量精度就非常高了。

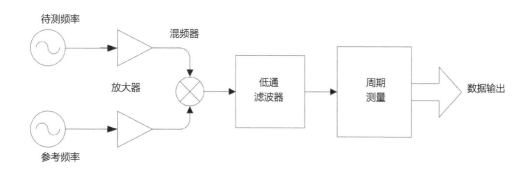

实验室内测量时间

1

时间间隔测量。需要测量开始脉冲和停止脉冲之间的时间间隔，开始脉冲控制主门打开，停止脉冲控制主门关闭，计数寄存器累计主门打开期间进入主门的时基分频器脉冲个数。

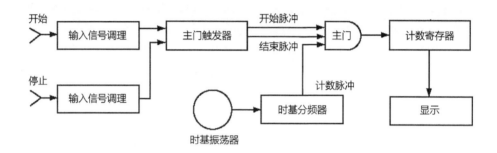

2

下图的情况下待测的间隔是 $6 \times 100 = 600$（ns）。

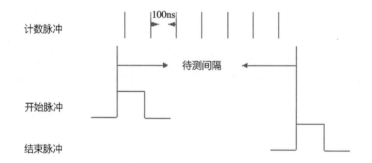

测量误差主要是：
（1）开始脉冲出现到第一个计数脉冲出现；
（2）计数脉冲最后一个出现到结束脉冲出现。
这些误差最大是一个计数周期，精度提高的方法有很多。

第一种方法，换用更高频率的时基。把 10MHz 时基换成 40MHz 时基，精度会提高 4 倍。但时基频率提高带来成本增加，不能无限制提高。

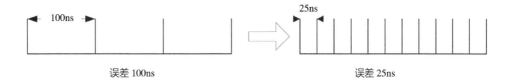

第二种方法，放大存在误差的时间间隔后重新测量。

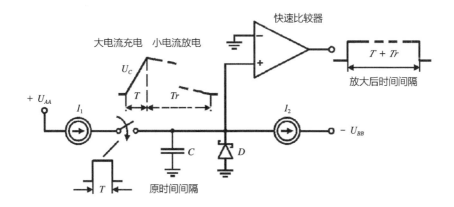

　　这种方法也有很多，最简单的是充放电拉伸。在开始脉冲出现时，以大电流对电容充电，第一个计数脉冲到达后停止充电，以小电流（如小 1000 倍）放电，放电时间就扩大了 1000 倍，等于将这一段时间间隔放大了 1000 倍，用常规的方法测量即可。

　　其实，提高时间频率测量精度的方法有很多，需要我们不断地探索。

第五章
日历中复杂的时间

一、日历的起源　　四、阳历与太阳

二、日历的发展　　五、农历是调和阴阳的合历

三、阴历与月球

一、日历的起源

几千年前，尼罗河边的居民为了农业需要，将一年分成三个季节。

作物生长的季节

河水泛滥的季节

无水的收获季节

后来，大部分地区根据农牧业和生活的要求，将一年分为四季。

产生日历的基本目的就是满足生产、放牧等生活的需要。

二、 日历的发展

现代的日历经历了长期的演变。
主要有如下三种。

根据太阳运行规律制定的阳历

根据月球运行规律制定的阴历

同时考虑两者的合历

2

日历复杂的原因在于月球公转、地球自转和地球公转周期的不一致性。

月球绕地球公转一周是 29.5306 天。地球绕太阳公转一周是 365.2422 天。历法就是如何调和这三种周期。

3

日历复杂的另一个原因是宗教或者政治。后来，日历已经不单单是为了农牧业生长的需要，更大程度上是为统治阶级的统治服务。中国古代皇帝宣称他是真命天子的一个证据是发布更准确的日历，日历上升为法律，每年都要由皇帝御批并隆重颁布历法（皇历、黄历）。

三、 阴历与月球

月球的盈亏变化周期作为一月的标准，月球的形状与日期严格对应。

每当月球运行到太阳与地球之间，被太阳照亮的半球背对着地球时，人们在地球上就看不到月球，这一天称为"新月"，也称为"朔日"，这时是阴历初一。

过了新月，月球顺着地球自转方向运行，亮区逐渐转向地球，在地球上就可看到露出一丝细如银钩似的月球，出现在西方天空，弓背朝向夕阳，这一月相称为"娥眉月"，这时是阴历初三。随后，月球在天空里逐日远离太阳，到了阴历初七，半个亮区对着地球，人们可以看到半个月球（凸面向西），这一月相称为"上弦月"。

当月球运行到地球的背日方向，即阴历十五，月球的亮区全部对着地球，我们能看到一轮圆月，这一月相称为"满月"，也称为"望"。

满月过后，亮区西侧开始亏缺，到阴历二十二，又能看到半个月球（凸面向东），这一月相称为"下弦月"。在这一期间月球日渐向太阳靠拢，半夜时分才能从东方升起。又过四天，月球又变成一个娥眉形月芽，弓背朝向旭日，这一月相称为"残月"。当月球再次运行到日地之间，月球又回到"朔"。

2

阴历由于不考虑地球公转而与四季的寒暑无关。

　　阴历大月 30 日，小月 29 日，历月的平均值大致与朔望月平均长度 29.5306 日相等。年的长短则只是历月的整数倍，而与回归年无关。

　　阴历一月之长，即月球绕地球周期约为 29 天半；而太阳年一年之长，即地球绕日的周期约为 365 天又 1/4 日。如以 12 个月为一年，只有 354 天或者 355 天，与太阳年相差几乎 11 天。过 10 多年，就会出现 6 月降霜下雪、腊月挥扇出汗、冬夏倒置的毛病。因此，阴历的月份与四季寒暑无关。

　　现今除了几个伊斯兰教国家，因宗教上的原因仍然使用一种称为"回历"的阴历以外，其他国家已经废弃不用。

月相的变化是人们最容易看见的天象，因此，阴历容易观察。

四、阳历与太阳

阳历根据人们观察到太阳的运行规律制定，实际上是依靠地球绕日公转制定的。

2

阳历采用闰年应付地球公转周期与天的矛盾。

一个回归年的长度是 365.2422 日，即 365 日 5 时 48 分 46 秒，它的长度不是日的整数倍。为此有 ① 使阳历的历年有两种长度：一是小于回归年，定为 365 日，称为平年；一是大于回归年，定为 366 日，称为闰年。② 合理设置闰年，解决"几年一闰"的问题。一个回归年的零数为 5 时 48 分 46 秒，大约积累四年就将近一日，所以"四年一闰"较为合理。这样的阳历历法，称为儒略历。它是罗马皇帝儒略·凯撒（公元前 100 ～ 公元前 44 年）在埃及天文学家的协助下创立的。③ 4 个回归年的零数积累在一起，为 23 时 15 分 4 秒，还不足一日，尚差 44 分 56 秒。因此，"四年一闰"的年限一久，历年与回归年就会逐渐产生差距，每 400 年就将相差三日。为此，每 400 年必须少闰三次。凡一般公元年数能用 4 整除的年份为闰年，但公元年数尾数两位为零者，如 1600、1700、1800、1900、2000……能用 400 整除时，才能定为闰年。这样每 400 年就可少闰三次，设置 97 个闰年。儒略历经过这样改革之后，就解决了"四年一闰"所带来的问题。经过这样改革的阳历历法，称为格里高利历，简称格里历。它是 1582 年罗马教皇格里高利十三世制定的。格里历也称为公历，是 20 世纪以来世界通用的历法。

在这中间，还有一段故事。凯撒死后，奥古斯都即位，他生于小月 8 月，为显皇威，遂把 8 月改为大月。这样一年又多出一天，于是又把 2 月减去一天，成为 28 天。这样的阳历历法，称为奥古斯都历，因此搅乱了历月制度。

阳历的历年与回归年十分接近，与季节和节气吻合，便于在生产和生活中应用，所以世界各国普遍采用。但由于奥古斯都搞乱了阳历的历月制度，而且格里历本身也并不十分完美，所以对阳历正在探索改革中。

农历的发展

　　月与年之间矛盾的另一种解决办法是找出阳历年的日数和阴历月的日数两者之间的最小公倍数，这就是中国的阴阳合历，也称为农历。

　　农历，又称为夏历。这是一种既基于月球绕地球运行（阴历）又基于地球绕太阳运行（阳历）的历法。中国的历法由来已久，而研究之精细，在明末清初以前，领先于世界其他国家。

　　在西汉初期实施"太初历"时，我国天文学家已经知道了朔望月与恒星月的区别，规定了 19 年加 7 个闰月的原则。

　　南北朝时期，我国天文学家、数学家祖冲之从观测中发现了更合理的设闰法——每 391 个农历年中设 144 个闰月。这样，相当于一年的长度为

365.2428 天，与正确的回归年只差 25s。而他所编的《大明历》，一月的平均长度为 29.53059 天，与朔望月长仅差 1s！

　　到 1281 年时，元代天文学家郭守敬利用他自制的、当时堪称世界一流的仪器，通过长时间的观测，编制了新的《授时历》。《授时历》中的月长是 29.530593 日，与准确值只有 0.37s 的差别。一年的长度为 365.2425 天，与今日通用的阳历完全一样！但比格里高利历早了 360 年。

　　与太阳历相比，农历有它的优越性。在通信与媒体不发达的古代，农民可以凭借月相来判断日期，这样就不误农时。另一方面，农历与公历一样，也以回归年周期作为一年。

二十四节气与地球公转

　　古代中国根据回归年的长度设置了 24 节气。唐代僧人一行，首次将太阳视运动不均匀问题用于他所主持制定的历法（大衍历）中。一行将太阳在一个回归年内所走过的角度分成 24 等份，并在每一分点设置一个节气。这一规定使得相邻节气点之间的时间长度各不相同，但更利于历法精度的提高。现在节气点的设定，是以太阳为参照系的，地球绕太阳每走过 15° 就碰上一个节气。尽管一行的方案是认为太阳绕地球转，但在节气设定的精度上与现代办法是一样的。同样，西方的十二星座，也将一年分成 12 等份。

　　按照现代农历，说 2015 年 4 月 5 日是清明，是不准确的。事实上，节气点有它特定的时刻，正确的说法应该是 2015 年 4 月 5 日 10 时 39 分 7 秒是清明。

⏱ 十五的月亮十六圆

农历是综合阴历、阳历优点混合而成的，当人们把农历初一定为"朔"时，"望"则要视月球运转情况而定，通常，它会出现在农历十五、十六两天。导致满月迟来的根本原因，是月球围绕地球公转速度不恒定。受很多因素干扰，月球绕地球公转速度有时快、有时慢，从朔到朔或从望到望，所经历的平均周期是 29.53 天，但最长与最短周期相差 13 个小时。如果望以前月亮的脚步慢，则从朔到望可能要走 16 ～ 17 天，所以会出现十五的月亮十六圆，甚至是十七圆。

因此，在农历八月十五吃月饼的时候，要知道，八月十五的月亮，也不一定是最圆的。

第六章

导航者精确的时间

一、导航

二、标志法导航

三、天文导航需要经度和纬度

四、纬度的测量很容易

五、经度测量是个难题

六、无线电导航需要精确的时间

七、卫星导航系统处理时间的方法

八、现代无线电导航的发展

一、 导航

导航是将航行体引导到目的地的一系列技术和方法。
导航主要解决两个问题。

导航中时间至关重要，根据太阳观察方向就可以看出来。

早上六点太阳在正东方

中午十二点太阳却在正南

晚上六点太阳又在正西方

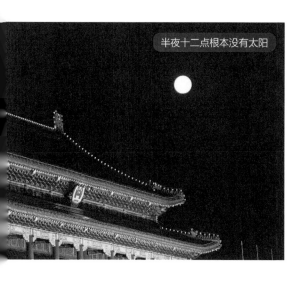

半夜十二点根本没有太阳

二、 标志法导航

1

标志法导航利用标志判断前进方向。

2

原始人知道通过石头和大树
判断回家的方向。

3

现代人创造了很多种导航的标志。

灯塔是一种标志法导航的工具。

5

现在城市背景光严重阻碍了灯塔的使用，你能从中分辨出灯塔吗？

6

时间可以帮助灯塔，灯塔链同时闪动，可以非常清晰地分辨出灯塔的位置。

有了时间，我们可以一起闪了！

三、 天文导航需要 经度和纬度

1
促进天文导航发展的是航海，这是人们首次严肃解决未知地带的导航问题。

2
天文导航利用自然天体作为测量的参考点，测量相对于天体的角度进行导航。

3
在海上导航需要在地球上画出经度和纬度。

公元 120 年，古希腊地理学家托勒密最早把经纬度展现在平面上而绘制地图，这种方法一直到现在都在使用。

遗憾的是，虽然当时已经有人测量出地球半径，但托勒密没有采用，因为收集的数据不准，托勒密绘制的地图严重夸大了陆地的面积。

托勒密的地图害苦了哥伦布等人，因为按照他的理论，向西可以很快达到陆地，但向西是逆风，驾驶以风力作为主要动力的帆船，逆风不知道要费多少周折。

人们很早就发现北极星在天空中的轨迹是个点，这表明在地球的自转过程中，北极星是不动的。

这就提供了一种测量纬度的方式，地球上不同地方观测的仰角就反映了纬度大小。

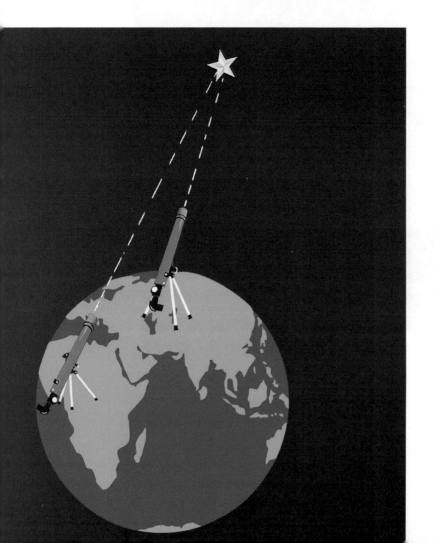

白天就只好观测太阳了，根据太阳最高点出现时的观测角度来判断纬度。这样做的"副作用"是 90 % 以上的船长都戴上了眼罩，因为他们在观测太阳时眼睛被烧瞎了。

五、 经度测量是个难题

陆地上的测量方法

1

经度测量实际上是时间测量。每个地方都把太阳正顶的时间定为本地时间的正午，地球 24 小时旋转 360°，即 1 小时旋转 15°，测量出两地本地时间的差，就可以换算成两地的经度差。

日出，本地时间 6 点。　　　　　　　　　　　　　　　　　日中，本地时间 12 点。

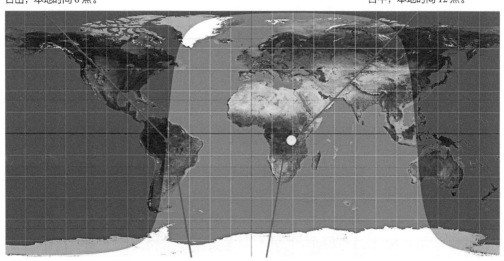

本地时间相差 6 小时，经度差 90°。

2

测量经度的关键是两个地方共同观测月食，比较月食发生时的本地时间即可。人类在公元前就开始利用这种方法进行经度差测量了。

你们一起看这个月食，记下当地的时间就可以了

3

但月食发生的太少，很难等到。

4

后用木星卫星食来观测，木星有四颗卫星，一年有一千多次卫星食，等待时间就减少很多了。

5

巴黎天文台在陆地上对此进行观测，绘制了最为准确的世界地图，成为当时首屈一指的研究机构。

木星卫星法的难点是观测难度太大，不能在海上使用，还需要寻找其他的天文事件。

天空中行走的月球

1

最经常出现的天文现象是月球经过某颗星星的位置。月距法就利用这个现象测量经度，需要三个条件支撑：①星星位置的变化；②月球运行规律；③合适的观测方法。

2

英国格林尼治天文台第一任台长弗拉姆斯蒂德经过近四十年的观测，给出了准确的星表。

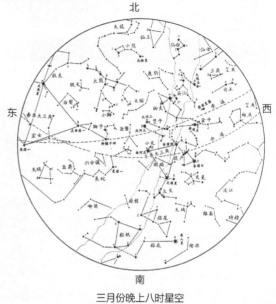

三月份晚上八时星空

3

欧拉把太阳、地球和月球的三体问题简化为一组优美的方程后，德国制图专家迈耶制作了《月球表》，能准确预测月球在任意时刻的位置。

4

英国人哈德利发明了哈德利象限仪，后演变成六分仪，可以方便直接地测量天体的高度和距离。

六分仪

5

1762 年，格林尼治天文台的第四任台长马斯基林出版了《英国海员指南》，标志着这种方法的成熟。但这种方法计算复杂，一次定位需要计算 4 个多小时，并且需要专门培训的高级人才。为了减少计算复杂度，马斯基林就每年出版一本《航海年鉴》，提前计算出星体在下一年度每一时间的位置，这样可以将定位需要的时间缩短到半个小时。这种方法在海上测量经度的准确度为 40 千米。

简单的方法

1

使用钟表法非常简单，带上钟表，保持出发地时间，走到哪里就利用太阳确定当地时间，与钟表时间相减就可以计算与出发地的经度差。

2

1530 年出现这种方法，但当时用沙漏测量的时间满足不了需要的精度。1656 年出现摆钟，但在海上不能使用，仍然不能满足海上导航的需要。

3

英国人哈里森从 1731 年开始致力于钟表法的研究，用 30 年研制了四代航海钟，1761 年研制的 H4 最终解决了海上导航的需要。

经过航海家的实际测试，H4 在航海的 3 个月内误差不超过 5s，利用 H4 对经度测量的准确度小于 16 千米，是当时的最高精度。

月距法和钟表法几乎同时解决了海上经度测量的问题，但哪种方法更好呢？

钟表法和月距法的融合

1

钟表法和月距法各有特点。

2

两种方法相互验证进行导航。

在哈里森造出航海钟之前，海员们习惯了利用日月星辰来定位，他们不敢相信一个金属盒子能比月亮和星星更可靠。万一钟表在路上坏了怎么办？为了保证可靠，远洋航行都带很多块表。可是，那时的航海钟是非常昂贵的仪器，哈里森的 H4 仅原材料就要花费至少 500 英镑，这在当时是一笔巨款，很少有人能买得起，更不用说一下子买好几块了。

相比之下，一架高质量的六分仪，外加一本《月距表》，加起来不到 20 英镑，从实用的角度讲，月距法无疑有着巨大的优势。

不过，月距法也有自己的问题。首先，即使不考虑看不见月球的阴天，月球每个月都会有几天的时间距离太阳过近，无法观测，这还不是最致命的。致命的是，月距法需要对观测结果作大量的校正运算，这就要求观测员具有相当高的数学技巧，算一次经度至少也需要耗费半个小时的时间，稍微算错一点儿都会带来致命的偏差，复杂性是不言而喻的。

3

1772 年，库克船长开始了又一次环球远征，这次他信心十足，因为他有三件宝贝。

泡菜：
解决坏血病

钟表：
钟表法导航

航海年鉴：
月距法导航

远洋航行有三宝：泡菜、钟表、航海年鉴

月距法和钟表法都成功了，但人们探索的步伐并没有停止，需要更加精确的导航方法。

无线电导航与天文导航的区别

区 别 一：
导 航 的 参
考 点 不 同。

天文导航的参考
点是自然界的星
星和月亮。

无线电导航的参
考点是人造的无
线电发射站。

2

区别二：基本观测量不同。

天文导航的基本观测量是角度。

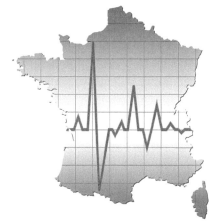

无线电导航的基本观测量是
时间和频率。

3

区别三：对时间的要求不同。

天文导航对时间的要求是秒，机械钟的精度。

无线电导航对时间的要求是纳
秒，原子钟的精度。

无线电导航的原理

1

基本原理是圆的定义：一点固定，
与这个点相等距离的点组成一个圆。
出现圆带是因为有测量误差。

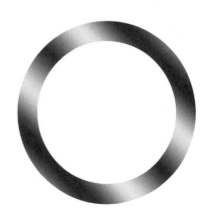

2

在地面设置一个发射台 A，发射无线
电信号，如果测量出到发射台距离是
1217m，就把位置确定到一个以发射台
为圆心，半径为 1217m 的圆环上。

3

选定另一个发射台 B，如果测量出到发射台距离是
1217m，就把位置确定到一个以发射台 B 为圆心，半径为
1217m 的圆环上。两个圆环相交，就可以知道接收者位于 P、
Q 两点。

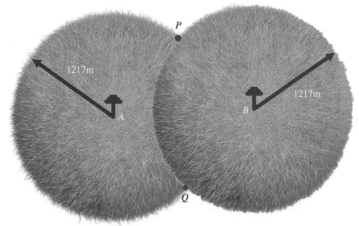

卫星导航系统测量的是伪距

伪随机码是一种码,只有0和1两种状态,就像一个人,要么站直,要么弯下腰。伪随机码最显著的特性是,两个码相乘,只有同一种码完全对应的情况下相乘乘积最大,否则,即使同一种码的不同位置相乘,乘积也会随着偏离距离的增加而急剧下降。

伪随机码测的是伪距。

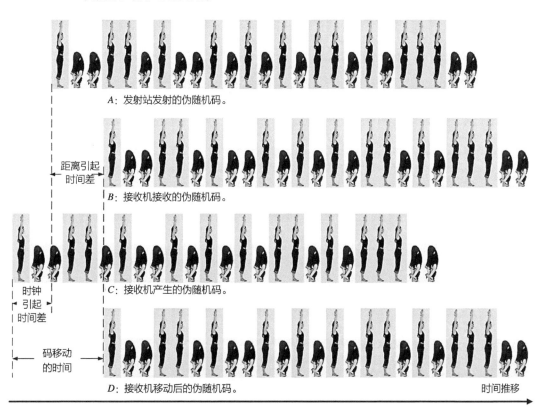

距离引起时间差

A:发射站发射的伪随机码。

B:接收机接收的伪随机码。

时钟引起时间差

C:接收机产生的伪随机码。

码移动的时间

D:接收机移动后的伪随机码。

时间推移

码移动的时间就是最终测量的量,乘以光速就是距离测量值,因为其包含时钟引起的时间差和路径传播引起的时间差,所以称为伪距,这是卫星导航的基本观测量。

　　为了提供足够的参考点，卫星导航系统需要在天空布置复杂的星座，美国的全球卫星定位系统的卫星分布在 6 个轨道面上，每个轨道面上分布 4 颗卫星，另外有 3 颗卫星在天空中进行备份，如果有卫星故障，备份星马上进行补充。

　　在地面上任何一个位置，都能收到至少四颗卫星的信号，保证定位的进行。

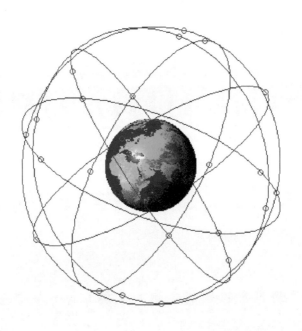

四颗卫星信号完成定位

定位的过程很简单，接收四颗卫星信号，测量四个伪距值，解一个方程组就可以了。

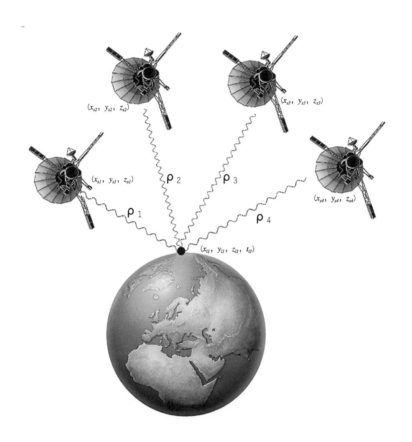

要说明如何根据伪距确定位置，需要用数学公式分析伪距，这个数学公式非常简单，就是两点间的距离公式：

$$\rho_i = \sqrt{(x_{s_i}-x_u)^2+(y_{s_i}-y_u)^2+(z_{s_i}-z_u)^2}+ct_i \quad, \quad i=1,2,3,4$$

其中 $(x_{s_i}, y_{s_i}, z_{s_i})$ 是卫星的位置坐标，接收机会通过合适的方式获得这个值，是已知量；c 是光速，是已知量；ρ_i 是伪距，这个量是接收机测量的结果，是已知量。

x_u，y_u，z_u 是接收机的位置，定位就要确定这个量。$\triangle t$ 是用户钟与导航系统的系统时间偏差，是另一个未知量。通过解方程就可以求出这四个未知量。

从这里可以看出，定位过程是把接收机的位置和时间一起解算，它们两个是耦合在一起的。

🕐 时间的三个性质最重要

卫星导航系统对时间的要
求主要有如下三个方面。

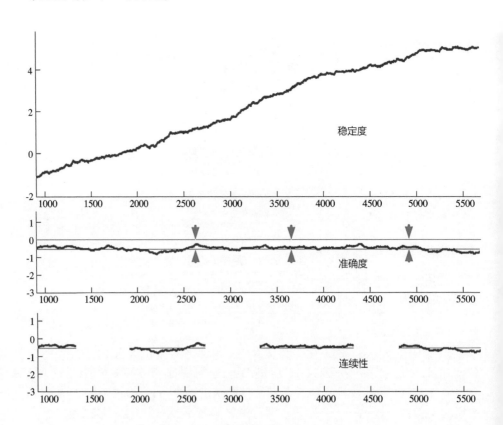

2

需要大量原子钟来维持系统的时间。卫星导航系统的各部分都需要时间，每颗卫星上装备 3 ~ 4 台原子钟，通过时间同步链路与地面监测站、注入站、主控站进行时间同步，主控站有数十台原子钟，保持整个导航系统的时间标准。

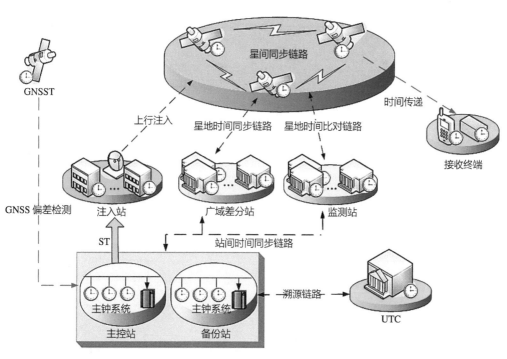

统一原子钟和放羊

牧羊人想把羊集中在他周围，怎么办？

第一件事：选一个好位置，能容纳这么多羊。

第二件事：测量他与羊的距离。

第三件事：把远处的羊拉回来。

第四件事：协调与其他牧羊人的关系。

导航系统是如何『放好羊』的

第一件事：使用系统内尽可能多的原子钟，建立一个稳定可靠的时间标准，称为系统时间。系统时间比每一台原子钟都稳定（图为 GPS 的系统时间（GPST）与 UTC 的偏差）。

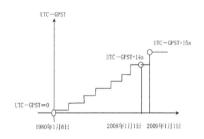

第二件事：测量钟差，实现系统内原子钟同步。

时间同步可以理解为对表，有两种方式，一种是两个钟的时间完全对准，另一种是两个原子钟的钟面不一致，但时间差已知。同步的前提是时间比对，然后根据比对的结果调整时钟。

在时间已经同步的四个地面站接收信号，测量伪距。因为地面站的时间和位置已知，可以解算出卫星的位置和时间，获得星上原子钟的时间偏差。

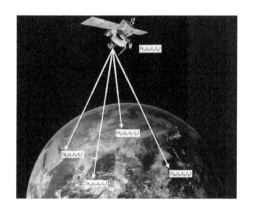

第三件事：控制原子钟，使原子钟的时间与系统时间的差保持在一定范围以内。卫星导航系统一般通过导航电文把偏差值广播，用户拿到数据进行改正即可。

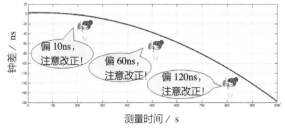

第四件事：监测并广播两个导航系统之间的时间偏差，使用户将时间改正到同一个标准上，以便使用两个导航系统（例如，GPS 和 Galileo 系统的时间偏差 GGTO）。

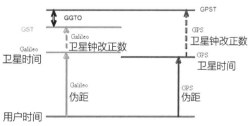

八、现代无线电导航的发展

1

开阔环境的卫星导航近乎完美。

2

需要提高的就是完好性。完好性是系统性能能不能满足要求时及时报警的能力。

警报，警报，我的导航精度下降到 100m，要小心使用。

3

在城市的"峡谷"和室内,看不到足够多的卫星,经常不能实现导航。

4

无线电信号在水中衰减太大,水下导航是个难题;洞穴中根本就收不到卫星发射的无线电信号,不能导航。

5

在遥远的深空,地球上发射的电磁波很难到达,如何实现精确导航还是个有待解决的问题。

　　实际上,整个导航是随着人们对未知世界的探索而发展的,从最初的内陆到海上,人们用了一个多世纪才解决海上定位的问题,20世纪80年代应用的卫星导航,实现了全球全天候的米级定位,但是,随着人类探索世界范围的扩大,对导航的要求没有最高,只有更高。

第七章
无处不在的时间

一、现代科技中的时间
二、日常生活中的时间

一、 现代科技中的时间

⏱ 交通改变人的时间观念

1

从马车到火车、飞机，旅行的速度日益迅捷，缩短了空间距离，步行需要几个月的路程，我们用几个小时就能完成，大大节约了时间。

马车 10 千米 / 小时

火车 200 千米 / 小时

飞机 1000 千米 / 小时

2

以前，在交通不太发达的地方，乡间定期出现的班车，成为钟表的替代品。

火车过了，11 点半了，该回去做饭了。

3

现代化交通工具改变了对时间的要求，车站／机场都有精确到分的时刻表，要求出行的人们按照这个时间安排乘车。这表明时间是用来约束交通的秩序的，这是交通对时间的最直接需求。

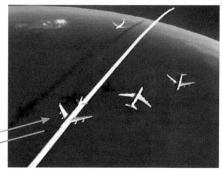

4

高精度时间也能换来交通空间的增大。

飞机飞行高度的测量方法：
（1）塔台向飞机发送无线电信号，飞机收到信号后转发到塔台；
（2）塔台测量信号发出到接收的时间间隔，根据时间间隔判断飞机的距离。

时间测量精度决定了飞机距离的测量精度。
时间测量精度提高一倍，可以把两架飞机的距离测量精度缩短到原来的一半，相等的空间可以容纳更多的飞机，能大幅度地减少飞机航道的拥堵现象。

通信靠时间同步完成

1

接收机提取通信信息要靠时间同步。

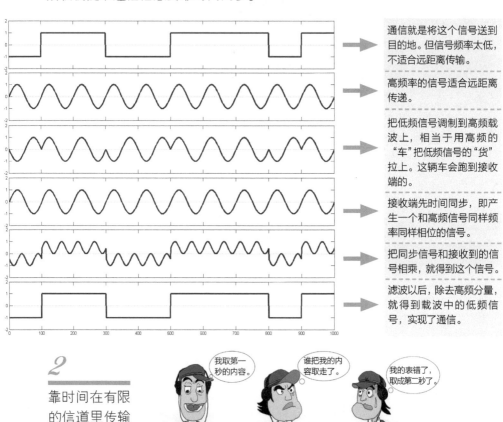

通信就是将这个信号送到目的地。但信号频率太低，不适合远距离传输。

高频率的信号适合远距离传递。

把低频信号调制到高频载波上，相当于用高频的"车"把低频信号的"货"拉上。这辆车会跑到接收端的。

接收端先时间同步，即产生一个和高频信号同样频率同样相位的信号。

把同步信号和接收到的信号相乘，就得到这个信号。

滤波以后，除去高频分量，就得到载波中的低频信号，实现了通信。

2

靠时间在有限的信道里传输多路信号。

> 我取第一秒的内容。

> 谁把我的内容取走了？

> 我的表错了，取成第二秒了。

　　要想在电话线中传十对电话，就把一秒钟分为一百段，每一段又分为十个等份，在每一段的第一等份传第一对电话、第二等份传第二对电话……这样，每一对通话的电流分为在每一秒钟内间断地出现一百次的电流小段。

　　由于间断的时间都很短，在复制出声音时，耳朵听起来丝毫不会感到失真。各路通话的脉冲，在时间上互相保持一定间隔，只要收发两端在时间顺序上保持严格一致，同时传多路信息就不会混杂。这种利用时间顺序不同，实现多路通信的办法称为时分多址。

电力靠时间提高效率

1

为提高发电效率，发电厂的电要并入电网使用。

2

并网的时候，发电厂电的相位与电网电的相位要准确同步，这样才能最大限度地提高效率。

我要和队伍的时间一致起来。

3

还记得打点计时器吗？这就是利用交流电周期的计时器具。

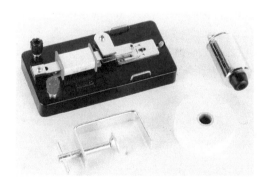

4

测定电缆高度的线缆测高仪，利用发射信号与电缆反射信号之间的时间间隔实现测高。

5

电力线是最复杂的线路，它不但要穿高山、跨河流，还要落得下飞鸟，经得起霜冻。

6

这样恶劣的条件下，出故障是不可避免的，怎么从复杂的线路中查找故障点呢？

7

答案就是准确的时间测量。

使用故障录波器，向电缆发射信号，信号碰到破损的电缆后返回一部分信号，根据发射信号和返回信号的时间差判断故障点。

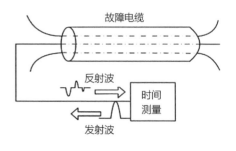

深空探测中干涉测量需要精确的时间

1

干涉测量是观测深空的主要手段。

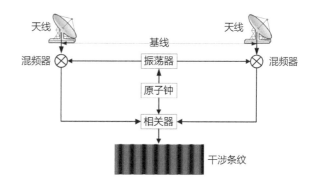

两个抛物面天线同时对准一个射电源，射电源是发出的射频无线电信号的自然天体或者人工天体，射频信号通常是频带非常宽的频率信号。

两个天线相隔一定的距离，因此，其中一个天线接收到电波的时刻要比另一个天线接收到同一电波的时刻有所延迟。由于地球的自转，基线相对于源的方向也不断改变，因此延迟时间及两路电波的相互相位关系也不断随时间变化。通过对延迟及相位变化率的测量，可以推算出射电源的方位及基线长度。

射电信号频率较高，很难直接记录和处理，通常用振荡器的频率与所接收的频率进行混频，输出的信号频率在振荡器的频率附近变化。对两路信号进行相关处理估计两路信号的到达时间差。

为使干涉系统有足够的精度，要求时钟信号极为精确。即使有了精确的时钟，当基线增长（如几十千米以上）时，时钟到两测站的电缆不仅铺设有困难，而且由温度等各种外界原因引起的电缆长度和介电系数的改变，会使时钟信号产生不可容忍的误差。

2

美国的甚大阵射电望远镜阵列。

甚长基线干涉测量更需要精确的时间

1

为了进一步提高基线长度，科学家想出了不用电缆连接的甚长基线干涉。

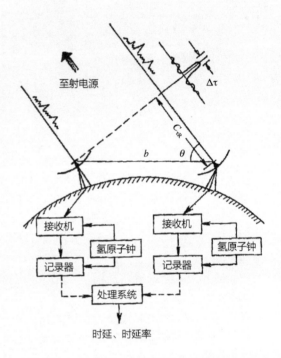

甚长基线干涉测量的特点，就是基线可以特别长，长到几千千米的洲际距离，高稳定度的氢原子钟的诞生及电子技术的发展，使得这种测量能达到很高的精度。

甚长基线干涉测量的基础是时间同步和相位同步。时间同步是两个观测天线的时间一致，相位同步是接收到的频率信号的相位之间一致，实际上也是时间同步。

为了成功地确定测定射电源信号的到达时间差，要求所用的设备必须具有高精度的时间标准，时间是甚长基线干涉测量的一个支柱。

VLBI 的原理如上图所示。把两测站经混频后的信号分别记录在各测站的磁带上。此外，不用公共的时钟，而是各测站有自己的时钟，时标信号也同时记录在磁带上。观测结束后，再将两测站的磁带送到处理系统，进行数据回放和相关处理。利用这种办法，只要能同时看到源，基线的长度就几乎不受限制。

2

甚长基线干涉测量，可以将天线的口面等效放大到洲际。

扑克牌上的时间

1

扑克牌的四种花色代表春夏秋冬。

2

大王和小王代表太阳和月亮。

3

扑克的张数表示一年。

每种花色 13 张，表示每个季度的 13 个星期，大王和小王各算半天：

4 季度 ×13 星期 / 季度 ×7 天 / 星期 +0.5 天 +0.5 天＝ 365 天

围棋上的时间

围棋的黑子和白子代表白天和晚上。

● 棋盘 19 纵 19 横共 361 个点，360 暗合一年天数约数，天元一点寓意万物自一而始。
● 9 个星位暗合九宫之数，星位将棋盘分为四个象限，寓意一年四季，每个象限约为 90 个落子点，寓意每季天数。

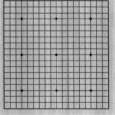

生日中的时间

1

中国讲究属相，属相是一种计年方式，十二年轮换一次。实际上，十二生肖是十二天干更平民化的表现形式，不但年可以这样计，月份和一天内的时辰都以这个方式计。西方的生日考虑星座，是一种纯粹计月的方式。

子鼠　　丑牛　　寅虎　　卯兔　　辰龙　　巳蛇

午马　　未羊　　申猴　　酉鸡　　戌狗　　亥猪

2

地球上观察到的太阳在天球上的运行轨道称为黄道，在一年中，十二星座依次在黄道上出现，与二十四节气类似，十二星座将一年分成 12 份。十二星座是 2000 年前排出来的，但由于地球自转轴的变化，黄道带上的射手座（也称人马座）和天蝎座中间要加上蛇夫座，十二星座已经变成了十三星座。

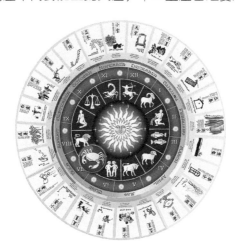

竞技体育离不开时间

1

早期的比赛是由发令枪控制起跑的。

2

在终点，每个跑道需要一个人掐秒表计时，根据发令枪的烟雾开始计时，等运动员到终点时终止计时。

3

很快，这种计时方式的误差影响到运动员成绩，就改用照相的方式，根据照片确定哪个运动员先到终点。

4

现代运动会计时要求精确到百分之一秒。

5

百分之一秒是什么概念？声音从跑道内侧传到跑道外侧的时间差就超过 0.01 秒。

6

因此，每个选手后面的起跑器上安装扬声器，这样保证每个选手听到起跑信号的时间一样。

7

在终点安装无线识别标志，每个选手身上安装无线识别标签，选手到达终点，启动无线识别功能，将选手的时间记录下来。

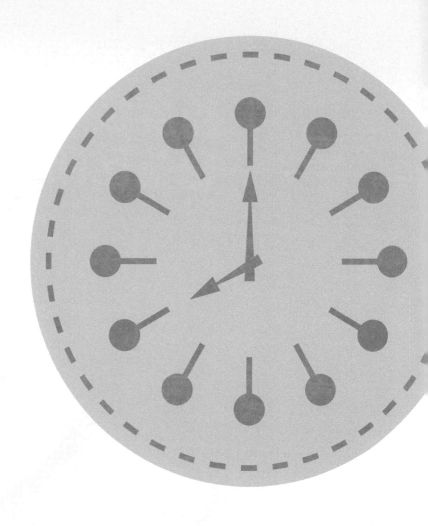

第八章
时间覆盖的区间

一、跨度极大的时间覆盖区间
二、各种时间的测量方法

一系列典型的时间

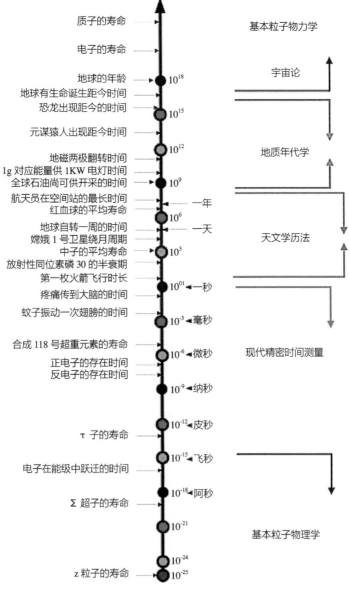

质子的寿命 —— 基本粒子物力学

电子的寿命

地球的年龄 —— 10^{18} —— 宇宙论
地球有生命诞生距今时间
恐龙出现距今的时间 —— 10^{15}

元谋猿人出现距今时间

地磁两极翻转时间 —— 10^{12} —— 地质年代学
1g 对应能量供 1KW 电灯时间
全球石油尚可供开采的时间 —— 10^{9}
航天员在空间站的最长时间 —— 一年
红血球的平均寿命 —— 10^{6}
地球自转一周的时间 —— 一天 —— 天文学历法
嫦娥 1 号卫星绕月周期
中子的平均寿命 —— 10^{3}
放射性同位素磷 30 的半衰期
第一枚火箭飞行时长 —— 10^{01} —— 一秒
疼痛传到大脑的时间
蚊子振动一次翅膀的时间 —— 10^{-3} —— 毫秒

合成 118 号超重元素的寿命 —— 10^{-6} —— 微秒 —— 现代精密时间测量
正电子的存在时间
反电子的存在时间
—— 10^{-9} —— 纳秒

—— 10^{-12} —— 皮秒
τ 子的寿命

—— 10^{-15} —— 飞秒
电子在能级中跃迁的时间

—— 10^{-18} —— 阿秒
Σ 超子的寿命

—— 10^{-21}

—— 10^{-24} —— 基本粒子物理学
z 粒子的寿命 —— 10^{-25}

差别有多大

最小的时间有 10^{-25}s，最大的时间有 10^{18}s，最大的是最小的 10^{43} 倍，这个差别有多大？

1

一粒米只有 1 毫米大小，10^{43} 粒米集中在一起，组成的球比太阳系都大！

10^{43} 粒米集中在一起比太阳系都大

2

有成语说轻如鸿毛，鸿毛的质量 0.001 克，10^{43} 根鸿毛集中在一起，不但比地球重得多，甚至比 1 亿亿（1×10^{18}）个太阳还要重！

二、各种时间的测量方法

🕐 测量极大的时间

1

测量天体的年龄，先测量天体能量的损耗速度和该天体的质量，然后根据质量和能量转换关系估算天体的寿命。这样，天文学家可以测量数百万年到数百亿年之间的时间间隔。

1 分钟吃一个饺子，吃完这盘需要 10 分钟。

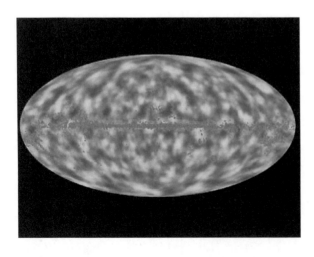

2

科学家测量出宇宙的寿命大概是 138 亿年。这张全天地图展示的是从地球到可观测宇宙边缘之间的物质分布情况。物质较少的区域颜色较浅，物质较多的区域颜色更深一些。

3

测量地球的年龄、岩石的形成时间，一般采用放射性元素衰变法。放射性元素有个半衰期的概念，指元素衰变一半的时间，这个时间是非常稳定的，在岩石中测量放射性元素已经衰变的质量和没有衰变的质量，两者相比就可以确定岩石的年龄。

4

科学家测出地球的年龄约为 46 亿年。

测量较大的时间

古生物生活的年代是较大的时间，根据古生物化石中碳的同位素（碳14）的含量，确定古生物生存的年代。

宇宙射线穿过大气层时，会将少量的氮激发为碳14。植物活着的时候，由于要进行光合作用，要不断从空气中获取空气，会吸收碳14。等植物死后，植物的光合作用停止，也不再吸收碳14，由于碳14有衰变的性质，每经过一个半衰期（5730年），植物体内的体内的碳14就会减少一半。根据植物体内碳14的含量就可以知道植物生长的年代。

测量一般大时间

1

一层层的沉积岩就是测量上万年的时钟。

2

从树的一圈圈年轮中，我们可以读出一年一年的时间。

测量极小的时间

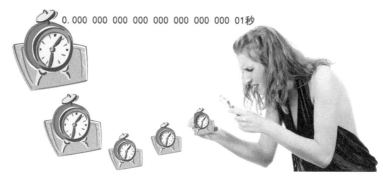

0.000 000 000 000 000 000 000 000 01秒

1

粒子的寿命极小，
很难测量。

2

测量这么小的时间，需要先明确粒子寿命的定义。粒子的寿命是粒子从
产生到衰变为止的平均存在时间。粒子运动速度快得接近于光速时，由
于相对论效应，平均寿命将比粒子静止的时候长，而粒子物理中的平均
寿命指该粒子静止时的平均寿命。

3

对于长寿命粒子，可以通过粒子在云室中运动的轨迹长度确定其寿命。

云室粒子轨迹

4

对于寿命小于 10^{-20} 的短寿命粒子，粒子的能量（质量）
有一个不确定度的范围，这个范围称为衰变宽度，衰
变宽度与粒子的寿命成反比，测量出粒子的能量（质
量）分布就可以推算粒子的寿命。

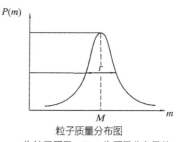

粒子质量分布图
m 为粒子质量，$P(m)$ 为质量分布函数

第九章
时间的前世今生

一、时间起源于大爆炸
二、大爆炸后时间单向流逝
三、时间结束于大坍缩

炸出来的宇宙

我国有个传说是盘古开天地，最早的时候，宇宙像一个鸡蛋一样，是混沌在一起的，盘古把天和地分开。

2

宇宙的起源与这个传说有点类似，在开始的时候，并没有宇宙，只有一个点，这个点里没有时间也没有空间。

突然，这个点爆炸了，这下可热闹了，空间出现了，时间也出现了。宇宙开始形成，大爆炸的威力使我们的宇宙越来越大。

3

大爆炸的点称为奇点，质量和引力极大，光线发不出来，时间停滞，奇点的性质类似于黑洞。

① 大爆炸的两个证据

1

星系的红移效应。

　　光是一种电磁波，当光源远离观测者时，接收到的光波频率比其固有频率低，即向红端偏移，这种现象称为红移；当光源接近观测者时，接收频率增高，相当于向蓝端偏移，称为蓝移。红移是测定天体之间距离变化的一种常规方法，根据红移量可以计算出星体远离我们的速度。

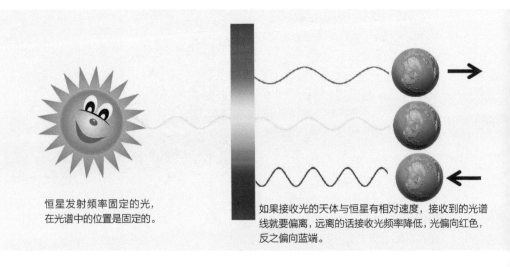

恒星发射频率固定的光，
在光谱中的位置是固定的。

如果接收光的天体与恒星有相对速度，接收到的光谱线就要偏离，远离的话接收光频率降低，光偏向红色，反之偏向蓝端。

　　根据红移的量，可以测量出恒星偏离我们的速度，经过大量观测，1929 年，美国天文学家哈勃发现哈勃定律，一个星系远离我们的速度同这个星系离我们的距离成正比，呈有规律的增大。

　　随着望远镜的直径越做越大，人们可以观测越来越远的星系，人们就发现越来越大的红移。也就是说，距离我们越远的星系，我们观测到的红移量越大，星系相对于我们的速度也就越大，星系离开我们也越快。

　　哈勃定律意味着：宇宙在膨胀。

2

宇宙背景辐射。

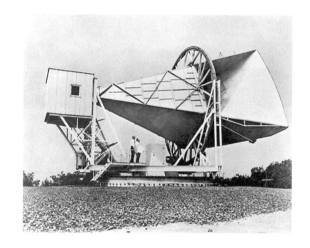

1964 年 5 月，贝尔实验室两位科学家彭齐亚斯和威尔逊，研制了一套非常精致的天线，来分析天空中各种原因造成的噪声，也就是测量天空的有效噪声温度。无论他们把天线对准什么地方，总有大约 3K 的噪声。

这就是宇宙背景辐射。实际上，大爆炸开始 3 分钟后，宇宙就形成了。经过大约 100 万年的膨胀和冷却，成为今天宇宙背景辐射的光线便破雾而出，这以后由于宇宙的膨胀使路途越拉越长，宇宙背景辐射的红移也越来越厉害，一直变成了今天仅有的处在微波波段的 3.5K 的辐射。

幽暗的星空中，有看不到的背景辐射。

这两个证据，都是宇宙起源于大爆炸的有力支持，越来越多的科学家同意这个学说。

大爆炸后时间单向流逝

熵增加原理

1

熵是系统无序度的衡量标准，一个系统越乱，熵越大。

一个人和他所打的台球就组成一个系统，刚开始的时候，台球排列得非常整齐，熵较小，击打得越多，台球就越乱，系统的熵就越来越多。

2

熵的基本特性是不会减小。上面的台球就是，人越活动熵越增加，台球越乱，直到人花费更大的精力进行收拾，但收拾台球会耗费更大的力气，表面上看台球的熵减小了，但人收拾台球要花费更大的力气，散发出的热量加热空气，空气更乱了，人和台球组成系统的熵仍然是增加了。

3

熵增加告诉我们，在室温下，冰棍会化成糖水，冰也会变成水，但反过来是永远不会发生的，这是因为水的熵比冰的熵高。

4

熵增加也告诉我们，只有玻璃摔碎，而不会有一堆碎玻璃自动合成一块完整的玻璃，因为完整玻璃的熵比碎玻璃的熵小。

熵增加导致时间单向流逝

由于熵增加原理，时间只能单方向向前，
不能倒退。

2

为了进行时间旅行，人们构造了时间机器、虫洞等，但这只是文学作品中的幻想，还不是现实。

3

所有的迹象表明，时间是个单行道，是不能返回的。

三、 时间结束于大坍缩

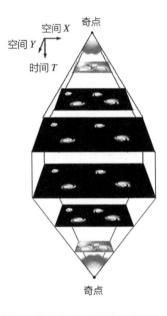

以平面宇宙为例，说明时间的历程。

（1）在大爆炸以前，只有一个奇点，没有时间和空间。奇点爆炸后，开始形成宇宙，出现了时间和空间。

（2）10亿年，形成星系，由于大爆炸的原因，星系间的距离越来越远。

（3）130亿年，形成我们现在的这个宇宙，星系之间的距离仍然在变远。远到一定程度，星系就相对静止了。

（4）有一种学说认为，到这个时候，所有的东西都静止了，时间也会静止。但有人不同意，他们认为，星系之间的引力使得相互之间的距离慢慢缩小。逐渐，星系又混到一起，再也分不出来。

（5）最终，宇宙又坍缩到一点，这一点还是奇点，又没有了时间和空间。

时间，到底怎么回事？

宇宙中的黑洞中间有奇点，宇宙又起源于奇点，这两个奇点是否是相通的？进入奇点是不是到达了另一个时空？这些问题需要我们去研究解决。